大提花织物分析与设计

郁　兰　王慧玲　主编
孙　宏　副主编

化学工业出版社
·北京·

本书主要内容包括大提花织物设计、纹样设计、提花机工作过程和装造工艺设计、意匠设计，以及提花床品、台布、丝绸、窗帘、沙发布、毛巾等织物的分析与设计等。结合大提花织物的具体分析案例，增加了各种大提花面料感性的、直观的清晰图片与大提花织物分析过程的图片，使读者通过分析过程对复杂的大提花织物典型结构一目了然。本书还利用浙大经纬纹织 CAD 软件系统详细地论述了设计各类大提花织物的方法、步骤及设计技巧，列举了大量大提花织物设计实例及效果模拟图，可提高读者的实际应用能力，也更贴近企业的实际需求。

本书内容翔实，理论联系实际，具有较高的实用价值和阅读价值，可作为纺织高职高专院校现代纺织技术、纺织品设计、家纺设计等专业教材，亦可供纺织面料企业产品设计从业人员参阅。

图书在版编目(CIP)数据

大提花织物分析与设计 / 郁兰，王慧玲主编. —北京：化学工业出版社，2014.8

ISBN 978-7-122-20900-9

Ⅰ. ①大… Ⅱ. ①郁… ②王… Ⅲ. ①提花织物-设计②提花织物-纺织工艺 Ⅳ. ①TS106.5

中国版本图书馆 CIP 数据核字（2014）第 124372 号

责任编辑：崔俊芳　　文字编辑：徐雪华

责任校对：王素芹　　装帧设计：关　飞

出版发行：化学工业出版社（北京市东城区青年湖南街 13 号　邮政编码 100011）

印　　装：北京虎彩文化传播有限公司

787mm×1092mm　1/16　印张 11　字数　268　千字　　2014 年 8 月北京第 1 版第 1 次印刷

购书咨询：010-64518888　　售后服务：010-64518899

网　　址：http: // www. cip. com. cn

凡购买本书，如有缺损质量问题，本社销售中心负责调换。

定　　价：39.00 元

版权所有　违者必究

前　言

随着我国经济的全面发展，人们生活水平有了很大提高，消费观念也逐步发生改变，对纺织品的需求愈加多样化与高档化。大提花织物是纺织品中的瑰宝，大提花织物设计集技术设计与艺术设计为一体，其产品一直受到消费者的喜爱和欢迎。特别是电子提花机的应用，电子提花机的高质量、高速度等优越性能更为大提花织物的发展提供了广阔的天地，大提花产品织造工艺也已经日臻成熟完善，并自成一体，形成独特的生产和管理方式。近年来随着家纺行业的发展，大提花产品更成为人们生活中不可缺少的纺织品。大提花产品也不断推陈出新，快速优质地设计出多品种的大提花产品来适应市场快速变化的需求。

本书根据教育规律和课程设置特点，从培养学生学习兴趣和提高职业技能入手，是校企合作共建教材。引入企业实际生产案例，分九个项目实施教学，每个项目均附有任务目标、知识准备、任务实施、知识拓展、技能训练五个环节。形式上力求突出重点、强调实践，每个项目附有的技能训练，要求学生有一定的实践活动（市场调研、实训工厂参观、产品分析与设计等）。本书内容围绕生产实际和教学需要展开，提高可读性，增加学生学习兴趣和自学能力。主要内容包括大提花床品、台布、丝绸、窗帘、沙发布、毛巾等织物的分析与设计等。

在本书编写过程中，得到了诸多企业的帮助，包括盐城悦弘织造有限公司、东台富安茧丝绸股份有限公司、浙大经纬计算机公司、常州市汇森家用纺织品有限公司、海宁市许村永福友谊纺织公司、常州和润纺织有限公司、嘉兴市越龙提花织造有限公司、诸暨市三千纺织有限公司等。项目五、项目七由盐城悦弘织造有限公司提供产品技术资料，项目六由东台富安茧丝绸股份有限公司提供产品技术资料，项目八由海宁市许村永福友谊纺织公司提供产品技术资料，项目四任务三内容引用了浙大经纬公司纹织 CAD（Computer Aided Design，计算机辅助设计）使用说明书部分内容，项目九由浙大经纬计算机公司丁一芳老师提供部分案例并给予指导性意见。纹样绘制引用了部分学生作品。

项目一由盐城工业职业技术学院刘艳编写，项目二由常州纺织服装职业技术学院孙宏编写，项目三、项目七由盐城工业职业技术学院王慧玲编写，项目四～项目六由盐城工业职业技术学院郁兰编写，项目八、项目九由孙宏、郁兰共同编写。全书由郁兰负责修改、整理并统稿。

由于笔者水平有限，书中不足之处恳请各位读者提出宝贵意见，以便今后不断改进与完善。

编　者

2014 年 5 月

目　　录

项目一　大提花织物设计

【任务目标】

（1）观察各类织物，在一定理论知识的基础上，掌握几种面料工艺的差别，能够熟练地辨别印花、提花、绣花面料。

（2）能根据大提花织物的设计形式与内容，进行大提花织物产品的调研，进行归纳与总结，撰写产品调研报告。

【知识准备】

（1）市场调研，搜集大提花织物的应用领域并对其分类，针对几种大提花织物进行产品调研。

（2）查阅大提花织物设计相关知识与资讯，搜集、整理、归纳关于大提花织物的概念、不同的分类方式、大提花织物工艺与其他面料工艺的区别等相关知识。

任务一　认知大提花织物

一、大提花织物的概念

大提花织物又称纹织物，是用提花机织成的大型花纹组织的织物，在某种组织的地上，由一种或数种不同组织、不同色彩或不同原料制成各种花纹图案的织物，如平纹地、缎纹花。大提花织物图案精美、工艺精湛、品种多样，早已赢得了世人的盛誉，成为人们喜爱的纺织品。

二、大提花织物的分类

大提花织物品种繁多，风格不同，材料丰富，表面图案大而清晰，色泽及组织层次多，厚度各异，使用范围广泛，如图1-1为大提花织物在窗帘与床品中的应用。

（1）按原料分　大提花织物按原料组成分为纯纺、混纺、交织、交并、复合织物；按原料的种类分为天然纤维、再生纤维素纤维及合成纤维织物，其中天然纤维包括棉、毛、丝、麻等。

（2）按织物幅宽分　大提花织物按幅宽分为窄幅、宽幅及阔幅织物，其中窄幅的幅宽在110cm以下，宽幅在110～160cm之间，阔幅在160cm以上。

（3）按纹样布局分　大提花织物按纹样布局分为连续纹样、单独纹样。单独纹样是具有完整的构思，独立成章的图案形式。连续纹样又分为二方连续纹样和四方连续纹样。二方连续纹样是以一个单元图案向水平或垂直两个方向连续的图案，这种图案经变化组合，可以构成家纺产品的边饰纹样；四方连续纹样是一个单元纹样向水平和垂直四个方向连续的图案构成形式，具有较强的适应性，广泛用于沙发、窗帘等家纺产品中。

（a）大提花织物在窗帘中的应用

（b）大提花织物在床品中的应用

图 1-1　大提花织物在家纺产品中的应用

（4）按组织难易程度分　大提花织物按组织难易程度分为简单大提花组织和复杂大提花组织两类。简单大提花组织是指用一种经纱和一种纬纱，选用原组织及小花纹组织构成花纹图案的大提花组织；复杂大提花组织是指选用两种及以上的经纱或纬纱配列在多重或多层中构成花纹图案的大提花组织，如重组织、双层或双层以上组织。

（5）按用途分类　大提花织物按用途分为服饰面料、日常生活用品和装饰用品。其中日常生活用品包括地面铺设类、床上用品类、挂帷装饰类、墙面装饰类、家具覆盖类及卫生盥洗类。

三、大提花工艺与其他织物工艺的区别

1. 大提花工艺与小提花工艺

大提花织物与小提花织物工艺分为设计与生产两个阶段，其中大提花织物的设计是指利用纹织 CAD 软件进行扫描纹样、分色、修改意匠图、建立组织、投梭、打组织配置表、选择样卡、生成纹板，最后进行模拟。在组织设计完成后将纹板文件输入电子提花机进行生产，由于提花机只有综丝，通过提花龙头控制上千根至上万根综丝，使得花纹循环的经纱数达几千至几万根，所以大提花织物的花纹变化较大，整体较复杂，如图 1-2 所示。小提花织物的设计相对比较简单，织物组织设计可手绘或借助 CAD 软件设计相应的组织图，然后将对应的纹板图输入到踏盘或多臂织机，通过综框提升调整经纱的运动规律，由于这两种织机的综框数比较有限，一般在 16～32 页，因此，小提花织物的组织循环不是很大，花纹较小，整体比较简单，如图 1-3 所示。

2. 大提花工艺与绣花工艺

绣花因图案的制作要求不同，具体工艺也不相同，常用的平绣工艺一般包括图案设计、绣花软件制卡、绣花机打样、产品的再加工与后整理。与大提花织物的最大不同在于其图案

是后期刺绣到布面上，其色彩鲜明、花纹精致美观、层次感较强，如图 1-4 所示。大提花织物的花纹是通过经纬纱的色彩及组织结构相互交织而成的，操作方便，工序相对较少。

图 1-2　大提花织物

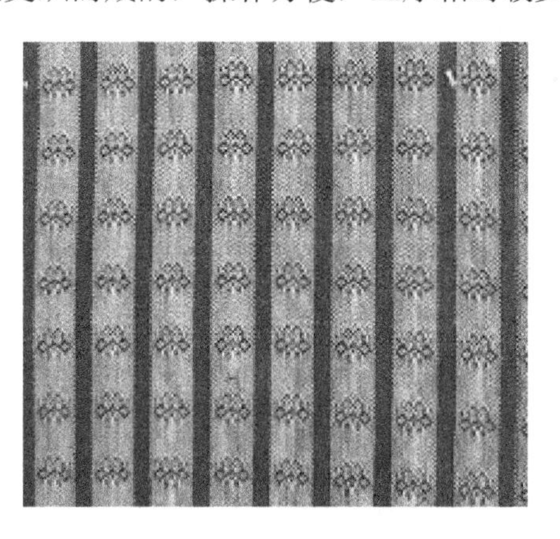

图 1-3　小提花织物

3. 大提花工艺与印花工艺

印花工艺是集化学、物理、机械于一体的综合性技术，其工艺主要由图案设计、分色描稿、雕刻制版、仿色打样、调浆印制等工序组成，其产品较能突出时尚和个性，特别是在花型设计方面，具有较大的表现空间与张力，但花纹图案的层次感、立体感较差，如图 1-5 所示。大提花织物的花纹受到提花机的功能、经纬纱的色彩及组织结构的限制，不能无限制地扩大和复杂化，其色彩变化不如印花织物，但花纹层次感与立体感较强。两者的最大区别在于印花的图案是通过印花工艺利用染料或涂料以印刷方法在织物表面形成的，而大提花织物的图案是在布样织造的过程中，通过组织变化及经纬纱色彩的配置形成的花型图案。

图 1-4　绣花织物

图 1-5　印花织物

任务二　大提花织物设计

大提花织物是艺术表现与组织结构和材料相结合而形成的织物。在大提花织物中，图案纹样是织物的外观装饰，纺织材料和组织结构，是通过图案的形象、形态和色彩等要素转化成视觉表象的，因此，大提花织物在设计时，要高度重视图案花纹和起花组织的设计，有层次地配置花组织与地组织，协调对比关系，突出织物的花纹图案，使织物表现最佳效果。

一、大提花织物的设计原则

1. 以市场为基础，艺术与技术相结合

大提花织物是为市场开发的，面对的是广大消费者，应满足各地区人们的喜好，尊重风俗习惯和文化背景。

在生产技术上，应采用成熟的技术结合恰当的艺术表现方法，实现自己的设计构想，达到功能性与装饰性、实用性与装饰性的完美结合。

2. 风格与流行相结合

随着生活节奏的加快，竞争的激烈化，使得人们的时代感更强，对于室内装饰织物要求去繁就简，舒适卫生，减弱人们在生存竞争中的压力。从质地上多以自然纯朴的外观为主，较少进行繁琐的装饰，粗犷大方，体现环保与自然的主调是今后发展的主方向，也是人们追求的永恒主题。

3. 协调、统一、配套

协调、统一、配套是装饰织物设计的关键，不仅影响织物设计的总效果，还会影响到空间的视觉和空间的应用效率，在设计中应选择好主色与宾色的比例、调和、对比；应设计好主图案和装饰图案，达到远近、大小、形态等的有效统一；整体空间分割上还必须考虑到比例的应用，空间造型的协调统一。

4. 经济、实用、美观

经济、实用、美观是纹织物设计与开发应遵守的市场法则。在同等质地条件下，以价廉物美吸引消费者。在实用的基础上，注重市场的渗透力，满足人们对时代的审美情趣，与时代节拍相一致的实用型大提花织物是大提花织物设计的终极目标。

二、大提花织物的设计形式

根据企业的实际生产，大提花织物的设计与生产分为新产品设计和来样设计两种形式。

1. 新产品设计

大提花织物设计集生产、应用、艺术等为一体，在工艺设计和上机制织等方面都比其他机织物复杂得多，特别是在研发一个新的品种时，需要设计者具有较高的设计能力、敏锐的观察力、丰富的想象力和综合协调能力等。因此，设计或开发一种大提花品种一般要经过以下几个步骤。

（1）品种设计　按织物的用途、销售地区的风俗习惯、季节和气候条件、流行趋势、服用对象等特点，全面考虑织物的风格特征，合理选定原料、纱线类型，确定幅宽、经纬密度，

设计出织物组织结构和制造工艺流程，提出纹样形态、大小、排列要求。

（2）纹样设计　依据品种用途和组织结构，绘画出纹样。纹样应体现提花织物花纹效果。广泛利用原料特性、经纬组合、颜色配置、提花机装造等因素，使各种因素与组织结构巧妙配合，从而达到整体设计最佳效果。

（3）意匠设计与绘画　意匠是制织大提花织物的一个重要环节，是纹样和组织结构相结合的过程。意匠实质上就是在选定的意匠纸上将纹样放大，在花纹面积内填入相应的组织（或代表组织的色彩），使平面图案成为立体的组织结构表现方式。根据设计要求，意匠图上的每一种颜色代表一种特定的组织，某些复杂的组织除了涂色外，还得点绘组织点。所以要求意匠工作人员应具备艺术审美能力，更应懂得组织结构的表现手法和意匠绘画技巧。

（4）装造设计　提花机装造设计包括纹针数量计算、目板规划、穿目板、吊综丝、挂通丝、穿综、穿筘等工作。装造设计是将提花机上竖针运动和经纱运动联系起来的一系列工作和设计。

（5）色彩设计　按照纹样设计意图，结合市场需求和流行色趋势，确定经纬纱线的色彩，选择染料和染整过程。

（6）织造工艺设计　和其他织物一样，要上机织造必须先进行工艺设计，确定成品规格、总经根数、经纬纱密度、经纬纱线密度、边经数、筘号、筘幅、纹针数、穿吊方法等内容。

（7）纹板轧制　按意匠图的信息指令，在纹板上轧孔的工作叫轧制纹板。为了轧出合格的纹板，在轧纹板前，必须明确意匠图上每一横格所代表的纬纱数、各组纬纱的投纬顺序，装造类型以及织物正（反）织等情况，以确定各类纹针的位置。机械式提花机的纹板由硬纸板或塑料薄片制成，纹板上相应位置有孔和无孔分别代表经组织点和纬组织点，通过纹板和纹针的接触，意匠图就能控制纹针的运动；电子提花机则将 CAD 编制的纹板文件转化为电子纹板，可以输入软盘，直接控制提花机。

（8）试织　准备好纸质纹板（或电子纹板），完成上机装造后即可进行试织。试织分小样和大样两步，小样通过鉴定后即可试大样。小样目的在于检查提花织物的基本规格和织纹是否达到设计要求，大样目的在于分析出织制该品种的工艺参数。确定好所有的工艺条件和工序，即可正式投入生产，而大样试织的工艺参数可以用于指导大批量生产。

在大提花织物设计过程中，上述八项内容之间的关系密切，设计中经常互为条件，相互影响。

2. 来样设计

来样设计是指产品设计人员根据客户提供的样品所进行的设计。一般来说来样设计具有实用性、有一定市场需求、低风险等特点。因此，企业除自行开发大提花产品外，客户来样设计也是大提花设计的一个重要方面。来样设计的基本步骤为：客户来样→织物结构分析→装造设计→纹样设计→纹板文件生成→经纬纱配置→上机织造。

（1）织物结构分析　为了生产或仿制某种产品，设计人员必须掌握该产品的组织结构和上机技术条件等信息。设计人员在接到客户来样后，首先要分析织物的结构。由于不同的织物采用的组织结构、色纱排列、纱线原料、纱线线密度、纱线捻向和捻度以及纱线结构和后整理方法等各不相同，为了能获得正确的分析结果，在进行结构分析前要规划好织物分析的项目和它们的先后顺序。织物分析的先后顺序一般是：取样→织物正反面→织物经纬向→经纬纱原料→经纬纱缩率→经纬纱线密度→经纬纱排列规律→经纬纱颜色。

（2）装造设计　根据织物经纬纱的线密度和织造要求，提花机装造设计主要包括纹针数计算、目板设计、造数和把吊数设计等内容，以满足不同提花织物的装造需要。一般情况下，生产条件较为完备的织造企业，此项工作比较简单，只需根据生产的实际情况选择合适的上机装造方式就可以上机织造了。

（3）纹样设计　来样设计中的纹样设计就是将纹样图案通过专门的软件进行适当、必要的技术处理，以满足提花工艺的需要，一般包括四个步骤：布样扫描→图像处理→纹织 CAD 设计、组织覆盖→样卡设计。

（4）纹板文件生成　根据设计的样卡文件、意匠图数据文件、轧孔数据文件、色号组织对应关系表等生产纹板数据文件，再将纹板数据文件通过微机控制纹板冲孔机得到所需的纹板，或直接将纹板数据文件传送到电子提花机得控制部分。

（5）经纬纱配置　设计人员应根据来样合理配置经纱，再根据花型的颜色配置纬纱，以满足图案花型的颜色需要。

（6）上机织造　上机织造前根据纹样的花型进行穿综、穿筘，并通过纹板、磁盘或网络与提花机龙头相连接来控制提花机生产，完成大提花织物织造任务。

三、大提花织物设计师的素质

设计师的素质是设计者所具有的知识总和，具体体现在设计思想和方法、设计的产品及消费者的认可上。设计师应具有的知识包括良好的专业知识与专业技能、多学科的综合知识和应用技能。

1. 专业知识和专业技能

大提花织物设计者应具备纺织品设计与开发的专业知识和技能，精通提花织物的设计程序与设计方法，掌握各类纺织原料的性能特点，灵活应用各类原料开发出物尽其用的新产品。

2. 艺术及美学知识

大提花织物设计广泛应用到图案色彩学方面的知识，掌握美术艺术知识原理、色彩的应用特点是装饰织物设计的必备知识。图案色彩、平面结构的分隔与组合、空间结构、总体构思都将决定装饰织物设计，此外，美学知识上应掌握基本美学原理并能应用于实际中，使设计体现出美的形状、结构、色彩。大提花织物设计者应将艺术、色彩学、平面结构、美学、专业知识和专业技能有机地结合起来，才能产生一种综合完整的美感。

3. 心理学和市场营销学

掌握消费者的心理，满足消费者的心理需求，是设计成功的关键。产品开发出来如何推向市场，就要求设计者通过对市场的了解与分析确定合理的市场定位和营销策略，运用合理的营销技巧。市场的基本因素是人，心理学和市场营销学都是研究人或者人的群体的科学。设计者应系统地了解这两方面的知识并运用于大提花装饰织物的设计开发过程中。

4. 物理学及化学知识

大提花装饰织物的一些功能需结合物理学原理进行设计，如隔声、防声等装饰织物设计就需要这方面的物理知识。了解声波的传播特点，即可采取有效措施切断其传播途径，就能有效地防止噪声污染。在调节光照度方面要了解光反射、透射、折射原理。隔热的装饰用品要了解热的传播途径，有效防止热侵入和热散失。具备一定的化学知识能使设计者了解材料在各种接触媒介中发生的变化；还有助于其对大提花装饰织物进行某些特殊功能的整理，如阻燃整理、防静电整理等。

5. 人文知识

了解各宗教团体、各民族的风俗习惯，开发各民族喜爱的产品，特别是具有民族特色的装饰织物，既能美化生活，又能增进民族友谊、加强民族团结，取得良好的社会效益和经济效益。地理知识有助于设计者了解各地区的气候环境，开发出适合各地区环境的装饰织物，与消费环境相适应。图案色彩设计必须考虑宗教因素、民族因素和环境因素。

【知识拓展】

大提花织物设计的发展趋势

大提花织物在纺织品中的附加值相对较高，消费面广，需求量大且需求与收入呈正相关增长。随着经济的发展，国力的增强，人们的消费水平的不断提高，旅游人数的不断增加及娱乐场所和宾馆酒店业的繁荣，酒店、宾馆用装饰织物消费增加很快。但就目前来看，我国大提花织物纤维用量无法与发达国家相比，还处于较低的水平。但我国人口达到十三亿之多，国民经济总收入也在快速提高。所以，大提花织物的发展前景极为广阔。

1. 与新技术相结合

科技和新材料的发展，使新的科学技术、新材料应用于装饰织物，赋予大提花织物更多的功能。性能多样化更能满足不同环境条件的需要，使人们生活安全可靠。同时，赋予产品更多的附加值，增加生产利润，提高其在国内外市场的竞争能力。

2. 与艺术特性相结合

随着经济的发展，生活水平的提高，人们对大提花织物需求不仅仅满足实用性，对其艺术的表达也提出了更高的要求。

3. 高档、系列、配套相结合

在经济发展到一定程度后，大提花织物追求高档化是必然趋势。不同的消费者对于产品的需求也不相同，因此， 产品花色系列化、品种系列化、配套系列化，是满足市场需求的必要手段。

4. 多种材料相结合

多种材料的混合使用，能使各种原料相互取长补短，发挥各种纤维原料的长处。因此，广泛采用二合一、三合一等混纺原料制织大提花织物具有良好的发展前景。合成纤维在大提花织物中应用越来越广泛，但因其自身不足，通常将普通纤维与高性能纤维混纺，或采用多组分纤维复合丝，弥补这一缺陷，生产出具有多功能的装饰织物新产品。

5．多种组织相结合

织物组织有单层组织、双层组织、表里交换组织、袋织高花组织。织物表现要求高档细腻，则采用低线密度的纱线多层制织的织物；而立体感强则采用高花、泡泡纱、绉类组织织物。多种组织的联合应用也是开发花色品种的一种方法。机织物大提花的应用，对提高装饰织物的档次是必不可少的。工艺与组织的合理配合才能更好地开发出大提花织物新产品。

6．多种功能整理相结合

经过后整理，增加织物某项特有的功能，常用的后整理有阻燃、抗菌、防尘、防污、防水、隔声、隔热、保健等。通过后整理改善织物外观，经过喷涂、印染、绣花等工艺手法，提高产品档次，增加了附加值。新的整理方法和助剂的出现，还会不断地提高产品的外观质量和内在性能，增加了大提花织物在国际市场的竞争力。

【技能训练】

1．参观大提花织物设计与生产企业，了解大提花织物从设计到生产的步骤，并进行文字记录与心得交流。

2．搜集床上用品、窗帘、沙发、毛巾等大提花实物样，并针对两种产品分析其设计的步骤及其市场应用前景，撰写大提花产品的调研与分析报告，如下表所示。

大提花产品调研表

调研任务：				
调研途径：				
	产品一		产品二	
	调研门店		调研门店	
	品牌		品牌	
	消费人群		消费人群	
	产品风格		产品风格	
	原料		原料	
	颜色		颜色	
	面料工艺		面料工艺	
	组织类别		组织类别	
	规格尺寸		规格尺寸	
	纹样题材与风格		纹样题材与风格	
床品套件	纹样布局与排列		纹样布局与排列	
	提花印花绣花		提花印花绣花	
	床品款式		床品款式	
	产品亮点		产品亮点	
	价格区间		价格区间	
	其他		其他	
	调研分析		调研分析	
	调研照片		调研照片	

项目二　纹样设计

【任务目标】

（1）观察各类大提花织物，描述纹样题材、纹样布局、纹样构图方式，纹样与织物结构的关系。

（2）能根据已有布样或花纹图案，进行纹样仿制设计或改进设计，初具创新设计能力。

【知识准备】

（1）市场调研，搜集各大类大提花织物，进行织物纹样的感性认识。

（2）查阅织物纹样设计相关知识与资讯，搜集、整理、归纳关于纹样概念、纹样大小设计、纹样题材选择、纹样构图设计、纹样表现技法与绘制技巧、纹样设计与工艺设计之间的关系等知识。

任务一　认知大提花织物纹样

一、纹样的概念

纹样是大提花织物织纹图案的统称，起着装饰美化织物的作用。纹样能传达种种感情，如传统格调纹样能给人一种典雅、高贵、古朴之感；写实格调纹样能使人感觉轻松、妩媚、动人。对织物的装饰性、实用性、配套性来讲，纹样是织物的灵魂，需要采用概括、提炼、夸张等造型方法，通过布局、构图、色彩等形式来达到恰当的艺术效果。纹样能在织物上实现，不仅仅依靠描绘技巧来达到，还要经过意匠、装造、织造、整理等一系列工艺手段才能完成。因此纹样不仅要具有艺术性和实用性，还必须具有可织性（图 2-1）。

图 2-1　纹样的艺术性、实用性、可织性

二、纹样题材

设计者经常将生活中的自然形象作为素材，采用概括、提炼、夸张等艺术手段，通过构图、造型、色彩等形式来恰到好处地表达装饰效果。现在装饰织物应用的纹样题材主要有植物、花卉、动物、风景、人物、文字、几何形、器物造型等（图 2-2）。

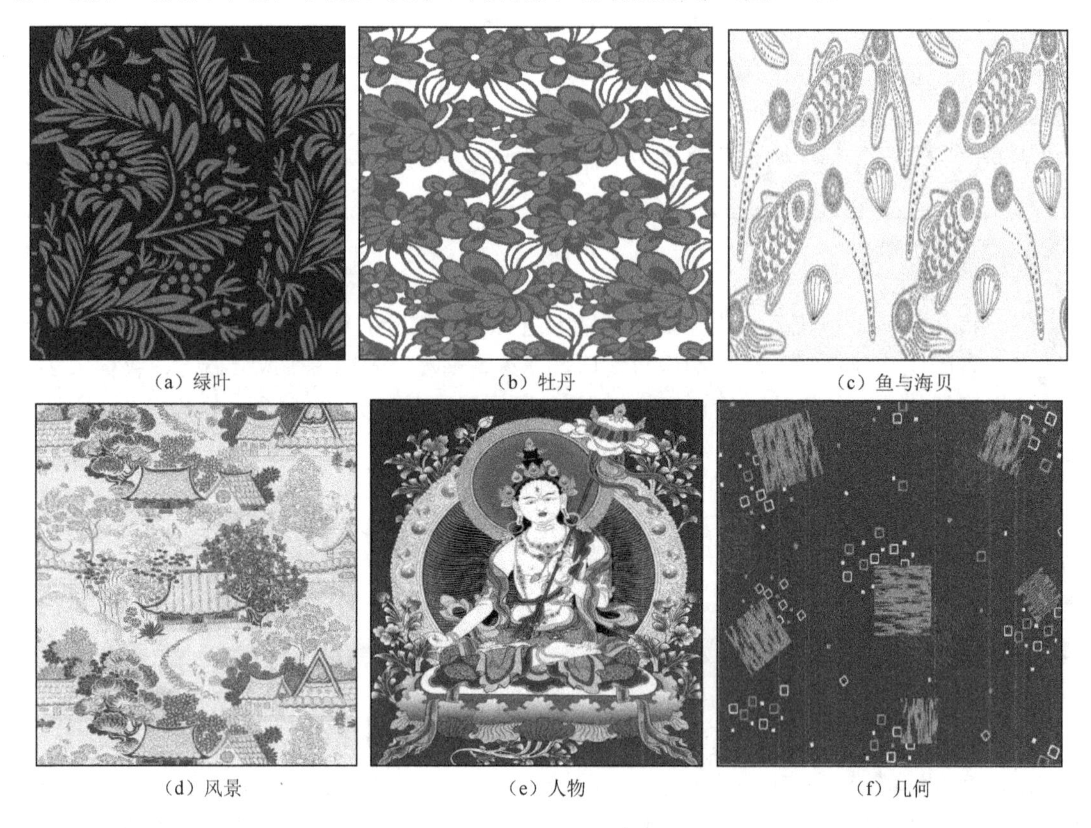

（a）绿叶　（b）牡丹　（c）鱼与海贝

（d）风景　（e）人物　（f）几何

图 2-2　纹样题材

三、纹样的规格

纹样的规格与织物规格、生产设备有密切关系。可以用纹样宽度和纹样长度这两个指标表示，计算方法如下：

纹样宽度=成品内幅/花数=一花循环经纱数×把吊数/经密

纹样长度=纹板数/纬密=一花循环纬纱数/纬密

纹样的宽度受织机纹针数的限制，而纹样的长度设计范围选择自由度较大。当使用传统机械式提花机织造时，由于纹帘不能过长，所以纹样的长度也不能过长，而使用电子提花机时纹样长度则可以根据织物品种要求和纹样风格自由选取。

对于提花织物来讲，一般大型纹样的长度在 12cm 以上；中型纹样的长度在 5～12cm 之间；小型纹样的长度在 5cm 以下。

四、纹样的布局

纹样的布局按花纹与地部所占面积的大致比例关系分为清地布局、混地布局和满地布局（图 2-3）。清地布局是指空地面积占整个纹样的四分之三，花纹面积占四分之一。混地布局主要指花、地各占整个纹样的一半。满地布局是指空地面积占整个纹样的四分之一，花部占整个纹样的四分之三。

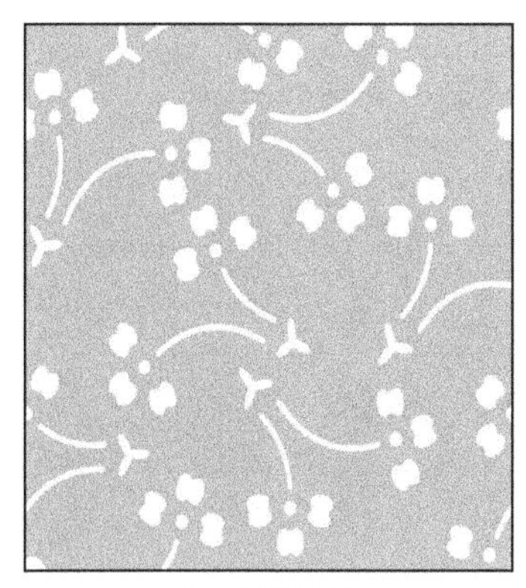
（a）清地布局

（b）混地布局

（c）满地布局

图 2-3 纹样布局

五、连续纹样的接回

连续纹样的接回是指连续形图案单元纹样之间的连接方法。面料是以匹料生产方式为主，因此必须通过接回完成连续的图案。根据设计需要按生产工艺要求，图案连续的连接方法有平接版和跳接版。

1. 平接版

平接版是运用一个或几个基本单位纹样，在一定规格范围内，做上下、左右的构成形式（图 2-4）。这种接版纹样跳跃性不大，如果大组图案采用平接版的方式，画面容易显平板，大面积连续后容易出现横当或竖当。因此，设计中一定要注意花型的错落排列，适当增加辅助点的随意穿插，以免产生上述弊端。

2. 跳接版

跳接版是运用一个或几个基本单元纹样，在一定的规格范围内，做上下平接，左右跳接，即在一个基本单位的二分之一、三分之一、四分之一或更细分处相错连接，进行反复排列的连续方式（图 2-5）。跳接版形式的不规则散点排列经大面积连续后，有灵活多变的特色，但要注意保持花纹之间的呼应关系。

六、纹样的组织形式

纹样组织是纹样构成的一个重要部分，主要是处理图案的基本纹样与其构成形式之间的协调问题，具有较强的实用性和目的性。组织的形式除了受设计者的主观感受影响外，通常还取决于装饰的对象、目的、材料、制作工艺等因素。从总体上讲，纹样的组织形式可分为单独纹样、适合纹样、连续纹样三大类。而这三种形式又因各自的组合形式不同，产生出多种形式的变化。

图 2-4　平接版

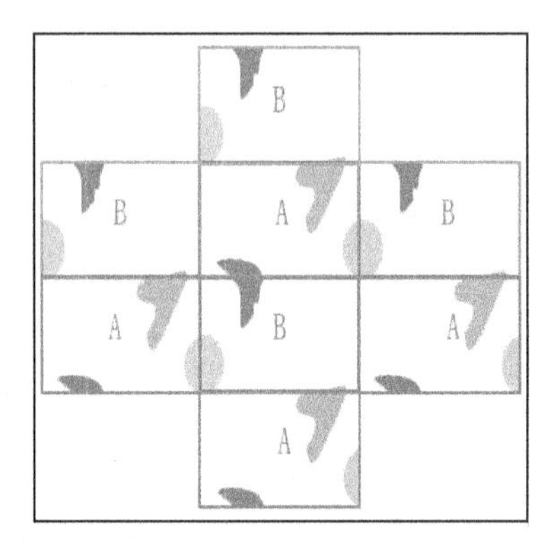

图 2-5　跳接版

1. 单独纹样

单独纹样是指没有外轮廓及骨法限制，可单独处理、自由运用的一种装饰纹样（图 2-6）。这种纹样的组织与周围其他纹样无直接联系，但要注意外形完整、结构严谨，避免松散零乱。一般用于像景织物、手帕、浴巾、巾被、壁毯、壁挂、餐巾等织物。

2. 适合纹样

适合纹样是将形态限制在一定形状的空间内，整体形象呈某种特定轮廓的一种装饰纹样（图 2-7）。适合纹样外形完整，内部结构与外形巧妙结合，常独立应用于造型相应的装饰织物上，如手帕、抱枕、靠垫、壁挂、地毯、被面、床罩、台布等。

图 2-6　单独纹样

图 2-7　适合纹样

3. 连续纹样

（1）二方连续纹样　二方连续纹样是以一个花纹为单位，向上、下或左、右两个方向连续排列简称二方连续纹样（图 2-8）。常用于边饰、毛巾织物缎档和缎边、带状织物、窗帘等提花织物。

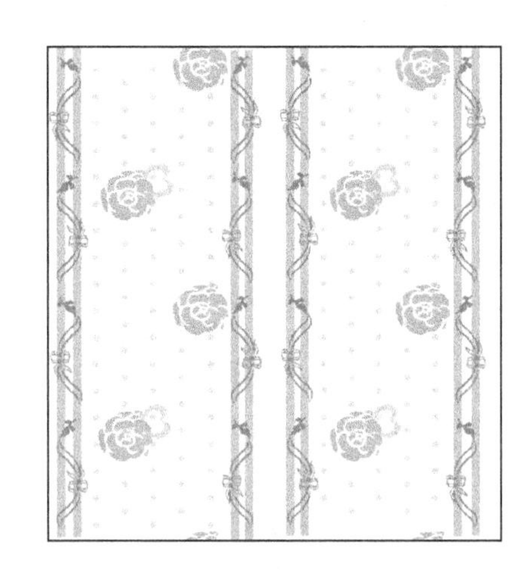

图 2-8　二方连续纹样

（2）四方连续纹样　四方连续纹样是以一个花纹为单位，向上、下、左、右四个方向作反复连续排列（图 2-9）。常用于床上用品、台布、沙发面料、窗帘等。四方连续纹样的组织形式又可分为散点式连续纹样、连缀式连续纹样、重叠式连续纹样等。散点式连续纹样要求在一个基本单位内分布若干个形状，形成大小不同的单独纹样，是最具代表性、变化最丰富且用途最广的一种组织形式。连缀式连续纹样是在一个单位几何形骨架内适当地填嵌图案，要求图案分布均匀，排列有序，彼此呼应。重叠式连续纹样是将两种或两种以上的纹样相互重叠，进行有机排列的组织形式，这样形成的画面显得层次丰富。

（a）散点式连续纹样

（b）连缀式连续纹样

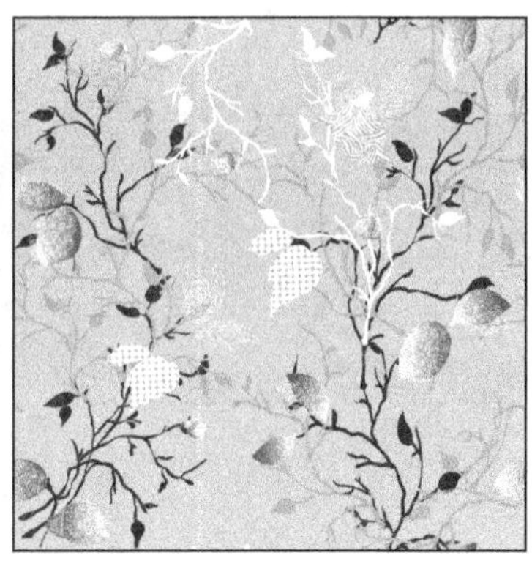

（c）重叠式连续纹样

图 2-9　四方连续纹样

任务二　大提花织物纹样设计

一、纹样设计方法

大提花织物设计包括品种工艺设计和花色纹制设计两部分内容，纹样设计是花色纹制设计的首要设计环节，是设计师根据提花织物的品种工艺特点，结合变化与统一、对称与均衡、节奏与韵律的美学原理完成的艺术创作。纹样设计方法主要有全新设计、根据已有布样或花纹图案进行的仿制设计、根据已有布样或花纹图案进行的改进设计三种方法。

二、纹样设计步骤

1. 纹样创新设计步骤

纹样创新设计是将新的题材和设计理念、特殊的造型处理、组织构成形式、表现技法等融入设计中，与织物工艺设计和生产匹配，并最终满足客户需求的设计与实施过程。

（1）市场调研，需求分析，产品定位；

（2）灵感汲取，素材搜集，明确主题风格；

（3）设计构思，考虑纹样设计与原料、纱线、织物组织、织物色彩、生产设备、加工后整理等之间的关系；

（4）纹样题材选取、造型处理、纹样一个花回大小确定、布局、组织构成、连接方法、颜色数等设计；

（5）手工纹样绘制或软件（Photoshop、CorelDraw、金昌、纹织CAD、ZDJW等）绘制，根据织物特征和纹样主题表现进行细节修饰；

（6）打开纹织CAD，设置好小样参数，将纹样引入其中，进行工艺设计，做好上机织造文件，进行小样试织，当试织效果理想时，启用该纹样，进行大货生产，投放市场。如果试织效果不佳，再根据表现的问题修改完善纹样，直到理想状态为止。

图2-10 创新纹样

例如，客户要求为卧室设计一田园风格窗帘织物，图2-10是设计人员根据市场调研、素材搜集与主题风格研读，利用Photoshop软件绘制的以藤枝花蔓为题材，纹样宽度为68cm，纹样长度为75cm，混地布局，颜色套数为4种，对应4种组织效应的创新设计纹样。

2. 纹样仿制设计或改进设计步骤

仿样设计纹样时每个细节都要与来样相一致，而改进设计就可以根据客户要求、织物分析数据以及设计师的经验进行花纹造型、表现技法、组织构成等方面的改进处理。具体步骤如下。

（1）根据客户要求及布样或花样图案特征，获取纹样设计信息，如全幅纹样布局、纹样题材类型、组织构成形式、纹样长度、纹样宽度、纹样的表现手法等；获取织物工艺规格信息，如织物幅宽、原料、纱线规格、织物经纬密度、织物组织、织物经纬纱色彩分析等。

（2）将纹样或花纹图案放入扫描仪，扫描一个花回内的纹样。如果花回太大，将纹样分为若干个部分，依次扫描，最后将扫描的若干图稿拼接在一起。

（3）利用纹织 CAD、Photoshop、CorelDraw 等软件进行纹样的初步绘制。

（4）在纹织 CAD 中输入经线数、纬线数、经密、纬密等小样参数。将扫描好的纹样导入纹织 CAD 系统进行图像调整、分色处理、修改与编辑处理。

（5）将处理好的纹样引入已设置好参数的纹织 CAD 系统中，完成纹样规格调整与上机织造文件设计，然后进行小样试制，试制好的产品经客户确认后，就可以启用该纹样进行大货生产。

例如，某客户要求企业生产与提供来样一样的提花沙发面料，见图 2-11。设计人员对纹样仿制设计的过程如下。

第一步，对来样进行简单分析，分析成品幅宽 150cm，原料为涤纶网络丝、低弹丝和雪尼尔纱，密度 70 根/cm×42 根/cm，进行生产可行性分析与产品报价，客户确认价格后，开始进行纹样纺织设计与实施。

第二步，根据来样，测得花纹循环宽度为 85cm，花纹长度为 127cm。将布样放入扫描仪中，进行扫描，因为花回太大，不能一次完成扫描任务，将纹样分成多次扫描输入。利用纹织 CAD 的拼接功能将多次扫描的花稿拼接成一幅完成的原稿。

第三步，在 Photoshop 中利用选区工具、路径钢笔工具、铅笔工具、吸色工具等进行纹样的初步处理，并根据布样上的组织效应进行设色，组织相同的地方就用相同的颜色进行设置，即一种颜色对应一种组织。

第四步，调整纹样，使其满足工艺要求。为了确保纹样的准确和美观，一般要经过 2～4 次的调整。图像调整取决于样布的经纬密、花回的长度和宽度。经计算得出该产品一花循环经线数为 2400，纬线数为 3600。在纹织 CAD 系统的小样参数设置中输入经线数、纬线数、经密、纬密等数据，图像会自动调整。

第五步，在纹织 CAD 中对图像进行细节修饰，如某个色块中心混有其他色杂点的处理；花部与花部之间局部轮廓不清晰的处理；纹样接回的处理等。对修饰好的纹样，进行意匠图设计，如进行勾边处理、间丝处理等。绘制好的纹样见图 2-12。

图 2-11 客户来样

图 2-12 绘制好的纹样

第六步，进行组织设计、纹板设计与生成。导出上机织造文件，进行试织。该产品在 2400 针提花织机上织造，全副花数为 4，筘幅为（155+0.5×2）cm，筘号为 15.48 齿/cm，每筘穿入数为 4，总经根数为 9600 根。最终试制的样品得到客户的认可。

【知识拓展】

影响纹样设计的因素

织物纹样最终在织物上体现效果的好坏，除了受花型设计者绘画技巧的影响外，还受织物品种、织物用途、织物组织、色彩、织物密度、织物用途等因素影响。在进行织物花型设计的时候，应了解或明确这些因素与纹样设计之间的关系，才能够设计出满足织物生产要求，进而满足客户要求的纹样。

1. 织物品种对纹样设计的影响

织物品种一般会有高档织物和中低档织物之分，设计花型图案时，首先应对产品定位有清晰的了解，然后才能根据主题进行具体设计。对于高档产品，因为面对的是高层次的消费群体，品质和价格都比较高，所以在原料、组织、花型、做工等方面都应该与之匹配。题材应以名贵花卉、青花瓷、抽象几何等为主，纹样不宜过于繁杂，且绘制应精细，色彩配置调和、高雅，以体现高贵、典雅或奢华之气。而对于中低档产品，纹样设计时就没有太严格的要求，题材应用比较广泛，一般只要根据不同地区的不同需要和不同织物用途来进行绘制。

2. 织物用途对纹样设计的影响

织物用途不同，对纹样要求也不同。如窗帘织物一般是比较厚型的织物，花纹设计要以端庄稳重的花派为主，纹样不应过于动荡，应给人以舒适安逸的感觉。床罩提花织物纹样设计应根据品种规格的特定要求设计，一般花型要求丰满、花叶茂盛、排列结构严谨。台毯纹样布局常有自由中心四边对称和自由中心两边对称两种，纹样内容是亭台楼阁、花草树木及仕女、孩童、民间故事等。在单色或双色台毯中，花纹结构要求严谨，造型宜大方、简练。

3. 织物组织对纹样设计的影响

织物的织纹图案是依靠不同的花、地组织和不同色彩的经、纬纱线相互配合来表现的，因此，组织与纹样的关系非常密切。

4. 色彩对纹样设计的影响

在设计花型图案中，花型的颜色应用也会对织物的最后风格产生很大的影响，这就要求设计人员对色彩要有敏锐性，对其应用要很熟悉，这样才能够设计出适合要求的不同织物来。

若设计出的织物层次分明、布局均匀，则可以采用一些对比较强的颜色；若织物的花纹零乱、布局不均，可以采用一些相近的颜色产生调和效应。在织物中大块面的纹样上一般不采用纯度和明度过高的颜色，而对于小块面的花纹可以采用明度和纯度较高的颜色。

【技能训练】

（1）参观大提花织物设计部门，了解纹样设计与制作过程，并进行文字记录与心得交流。

（2）搜集床上用品、窗帘、沙发、毛巾等大提花实物样或彩色图片，分析织物纹样题材、纹样布局、纹样构图方式，并进行文字表达。

（3）以花卉题材提花窗帘织物纹样设计为主，进行仿样设计训练，织物纹样扫描局部见

图 2-13，要求分析出织物基本规格参数，测量纹样尺寸，计算织物意匠规格、经线数、纬线数，在纹织 CAD 软件中进行纹样的编辑处理，做出完整四方连续纹样图。

图 2-13 提花窗帘织物局部图

（4）以牡丹花（图 2-14）为题材，混地布局，以散点排列形式完成提花床上用品织物四方连续纹样创新设计。

图 2-14 提花床上用品织物创新题材

项目三　提花机工作过程与装造工艺设计

【任务目标】

（1）了解电子提花机的结构及工作原理。

（2）掌握常见的电子提花机的规格。

（3）能够对不同装造类型的纹针数进行设计。

（4）能够正确计算出织造某种规格织物所需的通丝数量，设计合适的通丝长度；能够对目板进行合理的设计；掌握通丝穿目板的方法。

（5）认识织物与意匠图的关系。

【知识准备】

（1）通过观察电子提花小样机与观看企业电子提花机工作的视频，取得电子提花机结构的感性认识，了解其工作原理。

（2）通过来自企业的典型实例，学会纹针数设计的方法、通丝数量的计算方法、通丝长度的设计方法、目板的设计方法以及通丝穿目板的方法等。

（3）了解织物与意匠图之间的空间对应关系。

任务一　认知提花机

装造就是提花机控制经纱所进行的一系列工作。装造设计是提花织物生产必不可少的设计内容之一，包括综丝、通丝的准备，穿目板、挂通丝、吊综丝、穿综、穿筘等工作。由于提花织物的组织结构不同，花型不同，装造工作也就有所不同。装造设计是一项十分复杂细致的工作，必须弄清各构件的作用原理及相互之间的联系，在产品设计时应充分利用原有的装造或采用最佳的装造方案，以利于提高生产效率，提高产品质量。

在认识提花装造设计以前，必须先了解提花机的机构、工作原理与规格。

一、电子提花机的工作原理

随着机电一体化的发展，1983 年出现了电子提花机。电子提花机都为复动式全开口提花机，它通过与电脑意匠系统联合使用，仅用一块 EPROM（闪存可擦除只读存储器）卡便可控制经纱的起落，是纹织 CAD 和 CAM（Computer Aided Manufacturing，计算机辅助制造）的良好结合。电子提花机适用于小批量多花色的生产，更适合高档次纺织品的生产。

电子提花机选针机构是许多个电磁阀，每一个电磁阀下都有一副挂钩，如图 3-1 所示，挂钩下可挂通丝把，可把挂钩和相应的电磁阀称之为一枚电子纹针。电子提花机的挂钩轻巧，运转快速平稳，可以相配任何高速织机。其结构如图 3-2 所示。

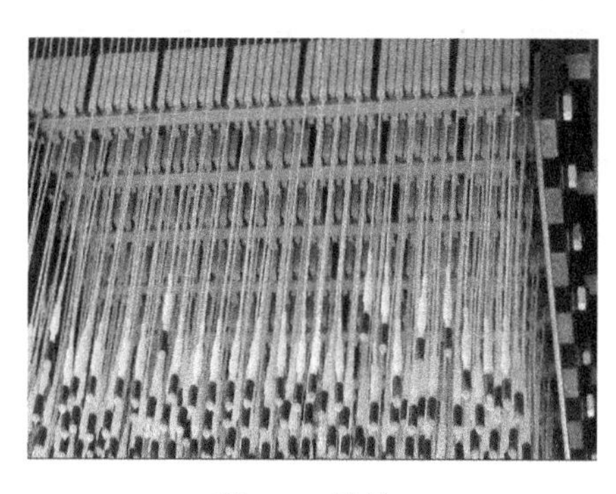

图 3-1 挂钩

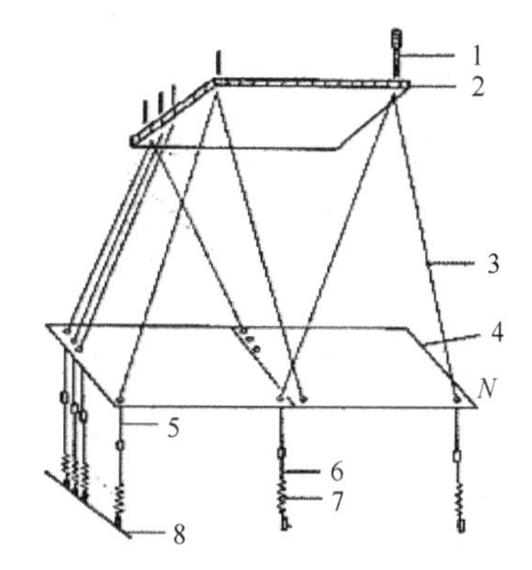

图 3-2 电子提花机结构简图

1—电子挂钩；2—通孔板；3—通丝；4—目板；
5—固定套管；6—综丝；7—回综弹簧；8—回综杆

电子提花机常用的有英国博纳斯（Bonas）电子提花机、法国史陶比尔（Staubli）电子提花机和德国格罗斯（Gross）电子提花机。

1. 英国博纳斯（Bonas）电子提花机电子纹针的工作原理

电磁阀通电→电子纹针提升→得到经组织点；电磁阀不通电→电子纹针不提升→得到纬组织点。

2. 法国史陶比尔（Staubli）电子提花机电子纹针的工作原理

电磁阀通电→电子纹针不提升→得到纬组织点；电磁阀不通电→电子纹针提升→得到经组织点。

史陶比尔的通电结果刚好和博纳斯相反，但通过一个转向器，即取得和博纳斯相同的效果。

二、提花机规格

提花机规格表示提花机工作能力，用口数或号数表示。提花机口数（号数）是指提花机所具有纹针（竖针或横针）数目多少。在设计提花织产品时，首先就要考虑提花机的规格。例如史陶比尔电子提花机 CX870 型号，纹针数为 1408，设计样卡时，对应的样卡上面最多可以容纳 1408 根实用纹针，见图 3-3。

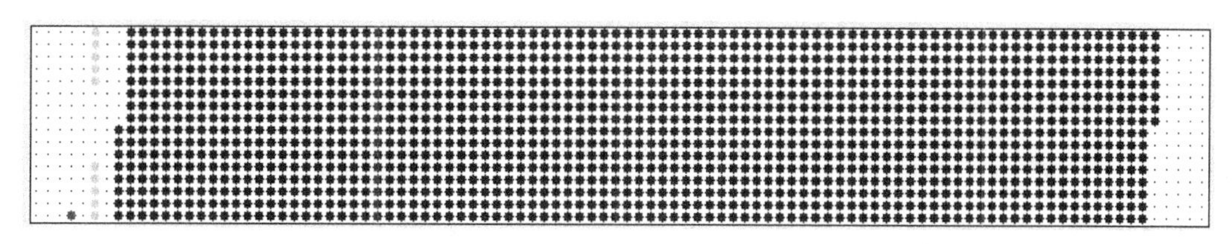

图 3-3 1408 针电子提花机纹板样卡

常用电子提花机的规格如表 3-1 所示。

表 3-1 常用电子提花机规格

公 司	型 号	列 数	纹 针 数	适 用 范 围
史陶比尔	CX 160	6	72、96	商标、边字、织带
史陶比尔	LX60	8	640、896	商标、织带
史陶比尔	CX870/880	16	1408、2688	棉、丝、毛织物
史陶比尔	LX1600	16	1536、2048 3072、6144	棉、丝、毛织物
史陶比尔	LX1690	16	1536、2048 5120、6144	双层分割绒织物
史陶比尔	LX3200 (3201)	32	6144、8192 12288	宽幅、高经密丝、棉织物
博纳斯	DSJ IBJ2	14 28	1344、2688	棉、丝、毛织物
博纳斯	SSJ	16	6272、6144	棉、丝、毛织物
博纳斯	MJ3 MJ11	24 40	2304 9600、8960	棉、丝、毛织物

任务二 纹针数的设计

提花机纹针数的设计，就是织造某一提花织物产品所需要纹针数的计算和修正。提花织物品种不同，需要选用不同规格（不同纹针数）的提花机，所以在选用提花机时应结合品种的特点和发展，在充分利用提花机工作能力基础上进行选用，而在设计提花织物产品时，必须考虑现有提花机的工作能力和装造条件。

提花机的纹针数与大提花织物成品幅宽、成品经密、全幅花数、把吊数、装造类型及基础组织循环数有关。在生产过程中，所采用的装造类型不一样，提花织物所选用的纹针方式也不一样，所以先了解提花机的装造类型。

一、装造类型的认识

装造类型分为单造单把吊、单造多把吊、前后造（双造、大小造、多造）。关于装造的几个重要概念介绍如下。

花区：目板横向划分的区域，见图 3-4。

造：目板纵向划分的区域，见图 3-5。

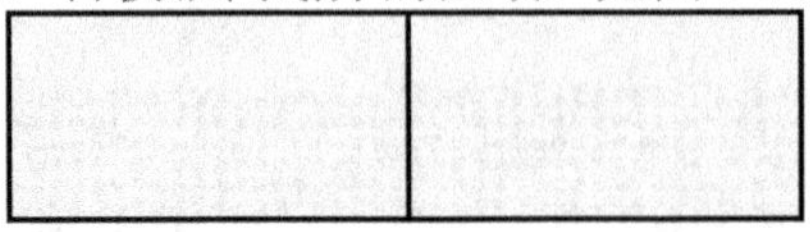

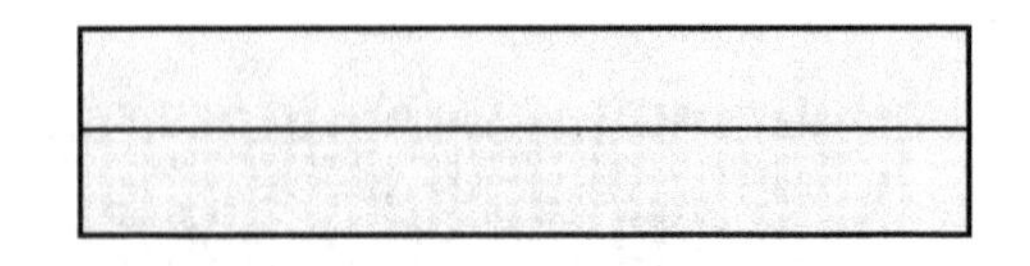

图 3-4 目板分两个花区

图 3-5 目板前后分造

单造：目板纵向不划分区域。

把吊：在一个花纹循环中，一根竖针控制的经纱数的纹线结构。

单把吊：在一个花纹循环中，一根竖针控制一根经纱数纹线结构。

二、普通装造——单造单把吊的纹针数选用

单造单把吊是提花机的目板纵向不划分区域，并在一个花区中，一个纹针只控制一个经纱，单造单把吊装置见图 3-6。

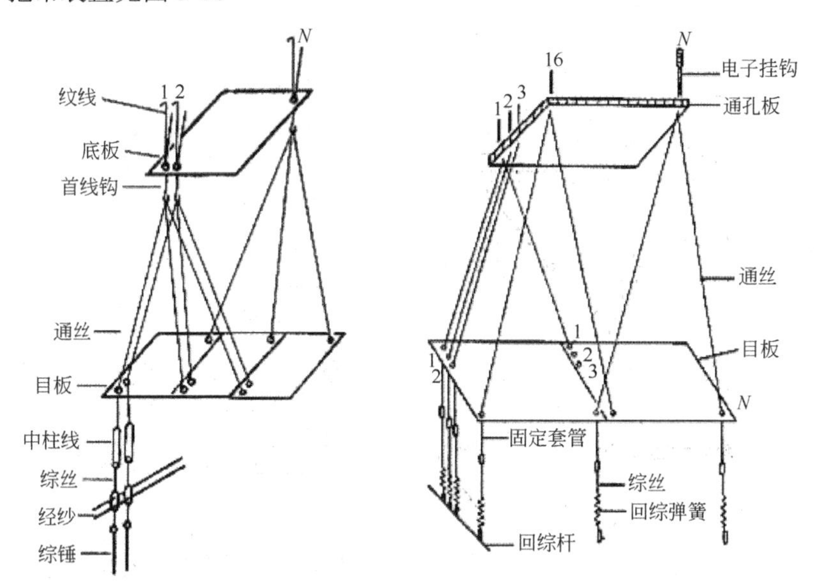

图 3-6　单造单把吊装置

所需的纹针数=织物一个花纹循环的经数=织物的花纹宽度×成品经密=$\frac{\text{内经纱数}}{\text{花数}}$=意匠图的纵格数。

计算好纹针数以后，要注意修正为组织循环数的倍数。

案例 1：某单层提花面料的幅宽为 200cm，经密 600/10cm，纬密 580/10cm，经丝 PTT-FDY、75 旦、10 捻/cm，纬丝 P-FDY、100 旦，全幅试对其纹针数进行设计，并确定生产该织物的机器型号。

解：所需的纹针数 = 织物一个花纹循环的经数 = 织物的花纹宽度 × 成品经密

= 200 × 600/10 = 12000 针

若为独花花型，本面料可选用史陶比尔 LX3201 型电子提花机进行织造。

三、分区装造

分区装造（前后造）的类型有双造、大小造、多造三种。

双造：目板在纵向分为两个相等的区域，见图 3-7。

大小造：目板在纵向分为两个不相等的区域，见图 3-8。

多造：目板在纵向分为三个或三个以上相等的区域。

在电子提花机上一般不分造，但也可以用分造来织。分区装造（前后造）类型分别适用不同的织物织造。

图 3-7　双造

图 3-8　大小造

双造适用于表经∶里经=1∶1 的双层或经二重纹织物的织造；大小造适用于表经∶里经=2∶1 的双层或经二重纹织物的织造；三造适用于表经∶中经∶里经=1∶1∶1 的三层或经三重纹织物织造。

分区装造（前后造）的纹针数计算的公式如下。

1. 双造、三造

（1）先计算一造纹针数

$$一造纹针数=\frac{织物一个花纹循环的经纱数}{造数}=\frac{内经纱数}{花数\times造数}=\frac{花纹循环的宽度\times经密}{造数}=意匠图纵格数。$$

（2）总纹针数=造数×一造纹针数。

2. 大小造

（1）要分别计算大小造的纹针数。

（2）大造纹针数$=\dfrac{整个布幅大造所控制的经纱数}{花数\times把吊数}$。

（3）小造的纹针数$=\dfrac{整个布幅小造所控制的经纱数}{花数}$。

（4）总纹针数=大造纹针数+小造的纹针数。

任务三　通丝与目板计算

通丝是连接纹针和经纱的构件，通丝要求坚牢、耐磨，不聚集静电，在常规温、湿度变化中不会变形，目前在电子提花机上大都用维纶、涤纶等高强度纤维制成或改性涤纶混合碳纤维制成，要求通丝原料具有低摩擦系数、抗磨能力、不伸长和防静电特性。

在同一台提花机上，通丝的原料和捻向要一致。在制作之前，首先应计算通丝根数和长度。

一、通丝计算

（一）通丝数量计算

一台织机的通丝根数与内经纱数及把吊形式有关。

在单把吊时，每一根纹针下所挂通丝数等于花数，一根纹针下的通丝挽成一把，称为通丝捻把，以便于操作。

所以通丝把数=纹针数，每把通丝数=花数，一台织机通丝总根数=通丝把数×每把通丝数=纹针数×花数。

案例 2：某织物在织造时，经密 400 根/10cm，内幅宽 300cm，单造单把吊，全幅 2 花，计算通丝把数、每把通丝数、总通丝数。

解：所需的纹针数=$\frac{内经纱数}{花数}$=内幅 × $\frac{经纱密度}{花数}$=300 × $\frac{40}{2}$=6000 针

通丝把数=纹针数=6000 把。因为是单把吊，所以，每把通丝数=花数=2 根；总通丝数=通丝把数 × 花数=6000 × 2=12000 根。

（二）通丝长度确定

提花机上的通丝长度是指纹针下的通丝直到通丝穿入目板孔后垂直下来与柱线连接的长度，通丝长度与提花机的高度（是指地面至提花机龙头的托针板或通孔板的距离）、织物的宽度以及纹针与目板孔的相对位置有关。同一台提花机上，由于纹针与目板孔的相对位置不同，通丝的长度有差异，在确定通丝长度时以提花机上最长的一根为准。

所织的织物越宽，为了防止穿在目板两侧的通丝过于倾斜，造成通丝与目板摩擦严重而使提花机高度在理论上越高越好（特别对于高速的电子提花机）。但提花机不能太高，这一方面是受到车间厂房的限制，另一方面因提花机高，造成整台提花机的重心偏上而使通丝、综丝抖动和增加通丝的用量。在一台提花机上，一般掌握使最长的一根通丝与目板平面的夹角在 60°～70°。同一车间尽管有不同筘幅织机，但一般应该使提花机的阁楼高度一致，以使车间机器整齐。

通丝长度（L）与目板穿幅（B）和提花机高度（H）的关系见表 3-2。

表 3-2　通丝长度表　　单位：cm

目板穿幅	提花机高度（托针板～综眼 ）								
	170	175	180	185	190	195	200	205	210
30	132	137	142	146	151	156	161	166	170
40	134	139	143	148	153	158	162	167	172
50	136	141	145	150	155	160	164	169	173
60	138	143	147	152	157	162	166	170	175
70	141	145	150	154	159	164	168	172	177
80	143	148	152	156	161	165	170	174	179
85	145	149	153	158	162	166	171	175	180
90	146	150	155	159	163	168	172	176	181
95	148	152	156	160	164	169	173	177	182
100	149	153	157	161	166	170	174	179	183
105	151	155	159	163	167	171	176	180	184
110	153	156	160	164	169	173	177	181	186
115	154	158	162	166	170	174	178	182	187
120	156	160	163	167	171	175	180	184	188
125	157	161	165	169	173	177	181	185	189
130	159	163	167	170	174	178	182	187	191

续表

目板穿幅	提花机高度（托针板～综眼 ）								
	170	175	180	185	190	195	200	205	210
135	161	165	168	172	176	180	184	188	192
140	163	166	170	174	177	181	185	189	193
145	164	168	172	175	179	183	187	191	195
150	166	170	173	177	181	184	188	192	196
175	176	179	182	186	189	192	196	200	204
200	185	188	192	195	198	201	205	209	212
225	196	198	201	204	207	211	214	217	221
250	206	209	212	214	217	220	224	227	230
275	217	219	222	225	227	230	233	236	240
300	228	230	233	236	238	241	243	240	250
350	250	253	255	257	259	262	264	267	270
400	274	275	277	279	282	284	286	289	291

目板穿幅	提花机高度（托针板～综眼）									
	215	220	225	230	235	240	245	250	260	270
30	175	180	185	190	194	200	204	210	219	229
40	177	181	186	191	195	201	205	211	220	230
50	178	183	188	193	196	202	206	212	221	231
60	180	185	189	194	198	204	207	213	222	232
70	182	187	191	196	200	205	209	215	224	233
80	183	188	192	197	201	206	210	216	225	234
85	184	189	193	198	202	207	211	217	226	235
90	185	190	194	199	203	208	212	218	227	236
95	186	191	195	200	204	209	213	219	228	237
100	188	192	197	201	205	210	214	220	229	238
105	189	193	198	202	206	211	215	221	230	239
110	190	194	199	203	207	212	216	222	231	240
115	191	195	200	204	208	213	217	223	232	241
120	192	197	201	205	209	214	218	224	233	242
125	194	198	202	207	210	216	219	225	234	243
130	195	199	204	208	211	217	220	226	235	244
135	196	200	205	209	213	218	221	227	236	245
140	198	202	206	210	214	219	222	228	237	246
145	199	203	207	212	215	220	224	229	238	247
150	200	205	209	213	216	222	225	230	239	248
175	208	212	216	220	223	228	231	237	245	254
200	216	220	224	227	231	235	239	243	251	260
225	224	228	232	235	238	243	246	251	259	267
250	233	237	241	244	247	251	254	259	266	274
275	243	246	249	253	256	260	263	267	274	282
300	253	256	259	262	265	269	272	276	283	290
350	272	275	278	281	284	288	290	294	301	308
400	294	296	299	302	304	307	310	313	320	326

案例3：制织花富纺，纹针800针，单造单把吊，钢筘内幅80cm，全幅为4花，提花机高度180cm，求通丝长度和根数。

解：H=180cm，B=80cm，查表 3-2 得通丝长度 L=152cm，

织物 4 花，则每把通丝根数为 4 根，通丝把数=纹针数=800 把

一台织机通丝总根数=纹针数 × 花数=800 × 4=3200 根

二、目板计算

（一）认识目板

目板的作用是保持通丝比较均匀和一定的密度，控制通丝顺序和幅宽，防止综丝绞扭。目板要耐磨和防潮，所以应选用坚硬耐磨不易变形的薄板钻孔制成。常用的材料有樱桃木、胡桃木、压胶板或薄钢板。电子提花机的运转速度比较快，为了适应电子提花机的高速运转，故电子提花机的目板采用耐磨性好的聚塑板制作。

目板上有许多小孔，称为“目孔”，供穿通丝用。目孔一般呈梅花形排列，这样可增加目孔的排列密度，见图 3-9。纵向排列的孔（与经纱平行方向）称为“行”，横向排列的孔称“列”。

传统的丝织厂应用统一规格的目板，每 10cm 内有 33.3 行目孔（计算时目板行密经常取 3.2 行/cm），每行有 55 列，整幅目板是由小块目板镶拼而成，小块目板长度为 30.7cm，厚度为 0.5cm。

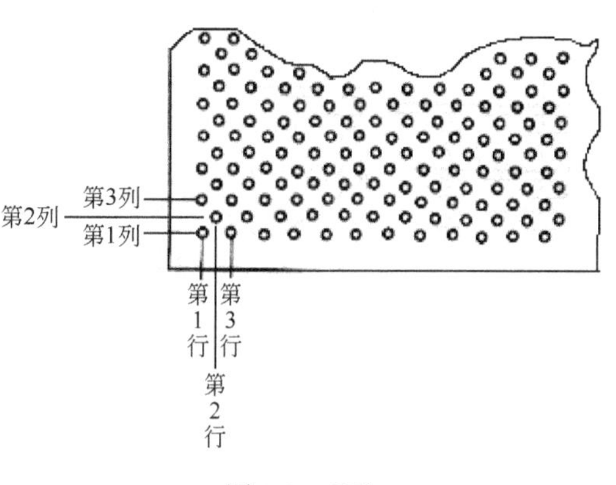

图 3-9　目孔

（二）电子提花机目板的计算

电子提花机所用目板的穿幅=穿筘幅宽+2cm 左右。

电子提花机所用目板列数一般就等于提花机本身所具有的纹针列数（通孔板孔的列数）或成倍关系，目板常用列数有 16 列、32 列等。电子提花机目板的纵深一般远小于传统机械式提花机的目板纵深，这有利于梭口的清晰，有利于织机的高速运转。

电子提花机所用目板总行数=$\dfrac{\text{内经纱数}}{\text{选用列数}}$；

每花实穿行数=$\dfrac{\text{目板所用总行数}}{\text{花数}}$

每台电子提花机的目板穿幅和所需的行、列数确定以后，再进行定做目板，制做好目板后，再在目板上画出各花区，然后把计算好所有的通丝挂在目板前上方的一根横竿上，开始进行通丝穿目板。

案例 4：某织物在织造时，经密 400 根/10cm，内幅宽 300cm，单造单把吊，全幅 2 花，计算电子提花机目板。

解：所需的纹针数=$\dfrac{\text{内经纱数}}{\text{花数}}$=内幅 × $\dfrac{\text{经纱密度}}{\text{花数}}$=300 × $\dfrac{40}{2}$=6000 针，所以可选用博纳斯 SSJ 型号的电子提花机，其列数为 16。所用目板总行数=$\dfrac{\text{内经纱数}}{\text{选用列数}}$=40 × 300/16=750 行。

$$\text{每花实穿行数}=\frac{\text{目板所用总行数}}{\text{花数}}=\frac{750}{2}=375$$，没有多余的行列数可供空余。

任务四 通丝穿目板设计

各根通丝穿入目板上各个目孔的工作简称通丝穿目板。通丝穿目板是装造工作的重要环节，依据纹织物不同的组织结构、装造类型、经纱密度和花纹形态，采用不同的穿法。因穿目板的方法不同，通丝穿入目板的顺序和分布形式不同，不论采用哪一种穿法都应以纹针和经纱次序为依据。

一、目板的穿向

目板穿向是指通丝的起穿目孔位置和进行方向，由于品种需要或习惯不同，穿目板有多个穿的方向，因电子提花机一般采用普通装造，所以目板穿法简单，大都采用横向一顺穿，即横向穿满一列换一列，直到穿完为止。电子提花机的通丝穿目板穿向如图 3-10 所示。

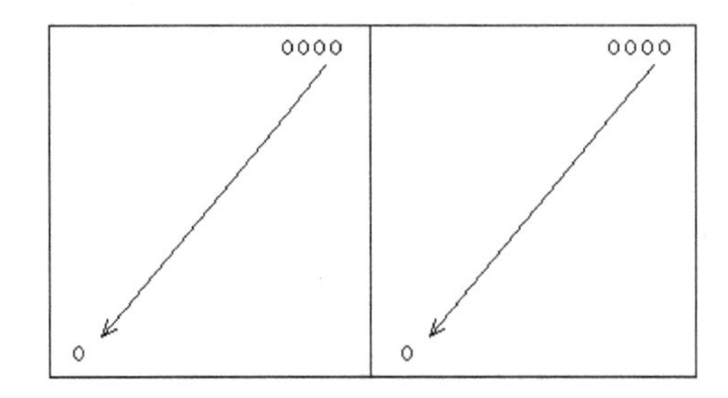

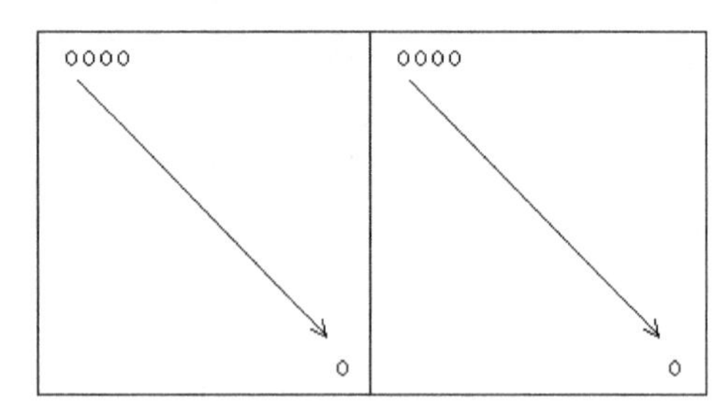

图 3-10 电子提花机的通丝穿目板穿向

二、通丝数量计算

因电子提花机所具有的纹针数比较多，一般采用普通装造，不需要采用多把吊装置，因此通丝数量计算比较简单。

三、目板选用

电子提花机的运转速度比较快，为了适应电子提花机的高速运转，故电子提花机的目板采用耐磨性好的聚塑板制成的，耐磨性非常高，可满足高速提花机织造要求。在进行提花机装造前，应先规划目板，即规划目板的行列数。一般目板列数可直接取电子提花龙头的纹针列数，应用最多的是 16 列目板。聚塑目板的目孔排列比较紧凑，其纵深远小于传统提花机的目板纵深，这有利于织机的梭口清晰，也有利于织机的高速运转。但行密没有统一规定，可根据织物上机上经密而定。

四、普通装造的通丝穿法

1. 通丝穿目板与通丝穿通孔板

普通装造通丝穿目板与通丝穿通孔板同时进行。史陶比尔电子提花机在电子挂钩（纹针）下方约 20cm 处增加一块通孔板。通孔板的作用是使通丝相对于纹针只有上下作用力，使纹针挂钩在运动中不致晃动；并在织造阔幅织物时，使梭口保持清晰。

目板的孔眼呈梅花状排列，每一列可看做两排，而通孔板由于孔洞直径比目板的孔眼直径大，每一排又交错分成了两排，所以通孔板上的一列有四排，它对应于目板的一列两排。通孔板的孔洞和电子纹针上下对应，一般情况下，选目板列数和纹针列数（即通孔板列数）相同或成倍数关系。

对于有通孔板的提花机，在通丝穿目板时，要注意通孔板和目板的穿法的相互配合。

装造时应把穿通孔板的孔洞和穿目板孔同时进行。把通孔板斜置于一个架子上，目板置于下方。新型提花机通丝挂钩都采用弹性夹头，如图 3-11 所示，穿孔时把一排夹头从下向上压入通孔板孔洞，然后把夹头下的通丝对应穿入各花的目板孔洞，最后将弹性夹头与电子纹针相连接，从中间向两边逐排进行。

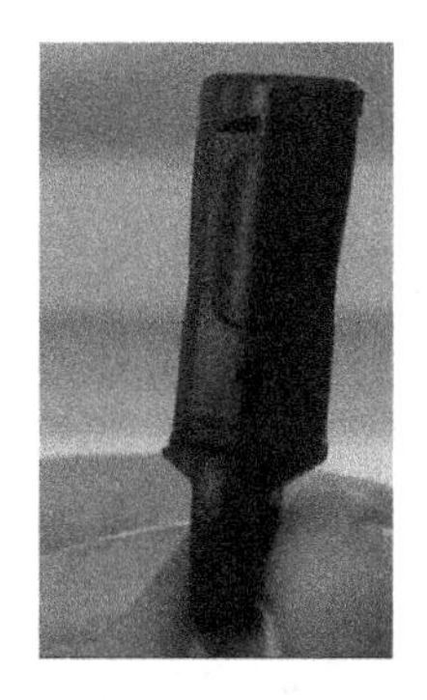

图 3-11 弹性夹头

2. 通丝穿通孔板的穿序

通丝穿通孔板时有两种穿序，如图 3-12 所示。

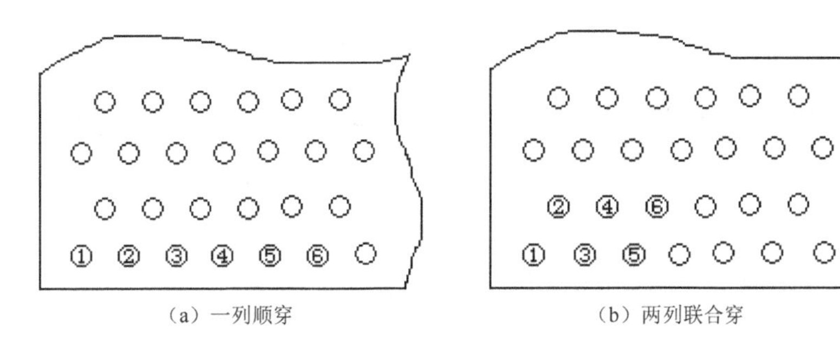

图 3-12 通孔板穿序

（1）一列顺穿（穿好一列再穿下一列）；
（2）两列联合穿（交错穿好两列之后，再穿下一个两列）。

3. 通丝穿目板的穿法

通丝穿目板也有两种穿法。

顺穿法：一列列依次顺穿，类似图 3-12（a）。

跳穿法：当织物的经密不高时常采用跳穿法，可使通丝更顺畅，类似图 3-12（b）。

注意通孔板和目板的穿法的关联性。

（1）当织制高经密织物时，如果选用目板的列数是电子提花机纹针列数的两倍，例如目板为 32 列，而纹针是 16 列时，则通孔板采用一列顺穿，目板也顺穿；

（2）当目板的选用列数与电子提花机纹针列数相等，例如都为 16 列，则通孔板一列顺穿，目板采用跳穿，或者通孔板二列联合穿，目板顺穿；

（3）如果选用目板的列数是电子提花机纹针列数的一半时，例如目板用 16 列，而纹针为 32 列时，则通孔板应二列联合穿而目板为跳穿。

电子提花机在织造提花毛巾、丝绒、纱罗织物也可以采用分造（区）穿法。

电子提花机通丝穿目板孔眼要根据样卡操作，这是因为电子提花机的目板孔和纹针是上下对应的。

任务五　认识织物与意匠图的关系

要想使电子提花机织出的织物与意匠图的设计方案一致，就必须对电子提花机上的构件进行统一编号和排列顺序，使各构件与各根经纱建立对应关系，这样才能设计出最佳的装造方案，织造出理想的、正确的图案。但是，由于行业不同、地区不同，各生产厂采用的编号和排列顺序也不尽相同，因此必须清楚各构件之间的对应关系。

提花机各构件编号的相互关系：意匠图、组织图→纹板文件→电子纹针→通丝（目板孔）→经纱→织物组织。

一、意匠图编号

在电子提花机上生产纹织物时，意匠图都采用纹织 CAD 系统编辑，意匠图的纵格、横格次序要根据纹织 CAD 系统的设置而定。一般情况时，意匠图纵格、横格次序设定为从上到下，从左到右。意匠图最左边是第一个纵格，最上边是第一个横格，见图 3-13。

图 3-13　纹织 CAD 系统的意匠图

二、样卡编号

1. 纹板样卡设计

纹板样卡是生成纹板文件的依据。在纹织 CAD 编辑中，纹板样卡是 CAD 的一个子文件，用于指导纹板文件的生成。在纹板样卡上要对全部的纹针、辅助针进行合理的安排，确定纹针、辅助针的位置。

2. 纹板样卡设计原则与依据

（1）纹板样卡设计要方便生产、有利于操作，一个产品只有一个纹板样卡，纹板样卡一般不经常变化。

（2）电子提花机的样卡设计时，根据电子提花龙头的类型和规格，采用纹织 CAD 形成纹板样卡文件，在纹板样卡文件上，连续且前后均匀地安排所需的主纹针，边针一般安排在纹板的首尾两端，其他辅助针根据需要安排在纹板的首端或末端，在样卡上用不同的颜色代表不同类型的针，见图 3-14。

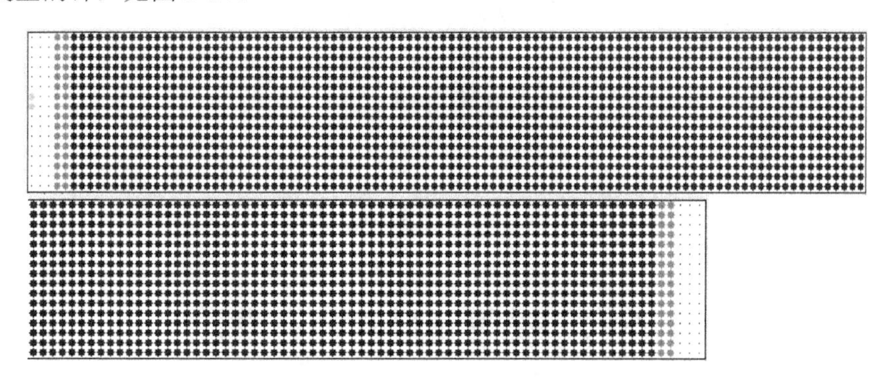

图 3-14　纹板样卡

三、电子纹针编号

电子提花机上的电子纹针根据来自于控制器的纹板文件的信号而作上下运动。电子纹针的排列顺序由电子提花机的控制器设定，通过修改程序可以改变电子纹针的编号。

电子提花机的纹针排序有下面两种。

（1）定左侧第一行的最后一个挂钩为第 1 针，从后向前在同一行中纵向编号，然后逐行顺排。最后一针为最右侧行的最前面一针。

（2）定左侧第一行最前一针为第 1 针，从前向后依次编号并逐行排列，最后一针为右侧末行的最后一个挂钩。

四、通丝、目板编号

连接第 1 根电子纹针的通丝为第 1 根通丝，穿第 1 根通丝的目板孔为第 1 目板孔，其余依次类推。

五、经纱编号

一般情况下，电子提花机上的经纱顺序为从左向右排列，即织机的最左边是第一根经纱，最右边是最后一根经纱，但也有从右向左顺序排列（如生产毛巾等一些特殊织物时），经纱在织机上的排列顺序究竟是从左向右还是从右向左这取决于纹针的次序以及纹针、通丝和经纱三者的连接情况，见图3-15。

电子提花机为全开口梭口，一般情况下织物都采用正织。

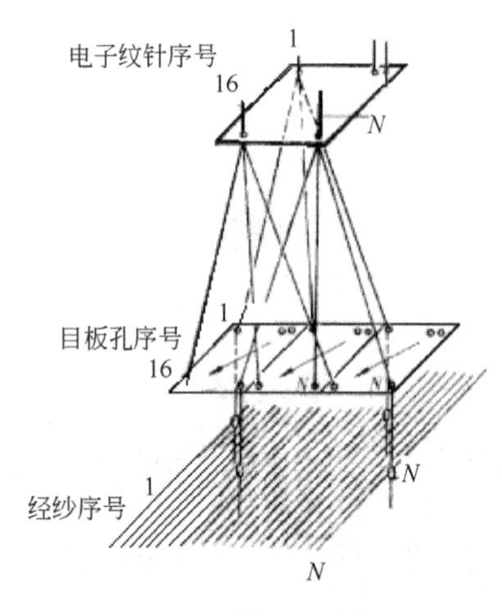

图3-15 电子提花机构件排序

任务六 提花面料的装造设计

一、面料规格

提花面料的规格见表3-3。

表3-3 提花面料规格表

品　名	提 花 面 料
成品规格	外幅：182cm　　内幅：180cm 花幅：36cm（全幅5花） 经密：68根 / cm　　纬密：30×2根 / cm

二、装造类型及纹针数选用

1. 确定装造类型

本面料采用CX2688型电子提花机，剑杆织造。

由于本织物经纱只有一个系统，选择单造单把吊，采用正织方法织造。

$$所需的纹针数=\frac{织物一个花纹循环的经纱数}{把吊数}$$
$$=\frac{内经纱数}{花数\times 把吊数}=\frac{内幅\times 经纱密度}{花数\times 把吊数}$$
$$=\frac{180\times 68}{5}=2448（针）$$

修正为组织循环 5 和 10 的倍数为 2450 针。

布边经纱数 24 根，每边 12 根，采用 12 针。

2. 纹板样卡设计

CX2688 型电子提花机的纹针共有 16 列、168 行，需用纹针为 2450 针；边针用 16 针，在纹板样卡上前后平均分布。点击纹织 CAD 系统中“样卡”图标中“创新样卡”，在第一列依次铺上 8 针梭箱针、1 针停橇针、1 针辅助针 1、1 针辅助针 2，第 2 行铺 12 针边针，从第三列开始铺 2450 针纹针，第 155 行铺 12 针边针，见图 3-16。

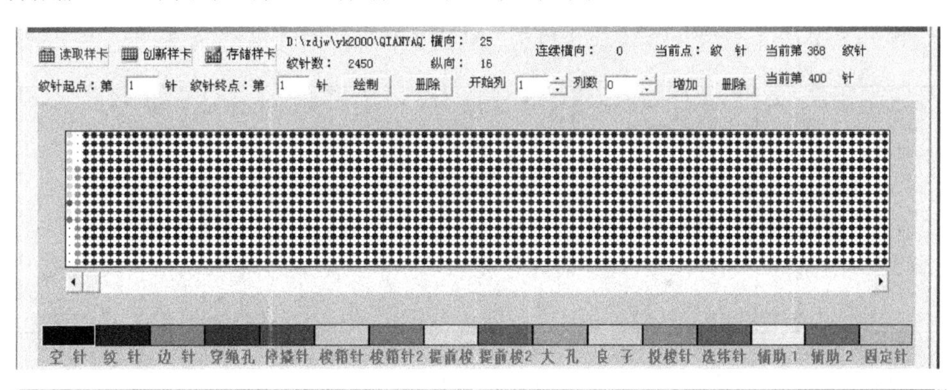

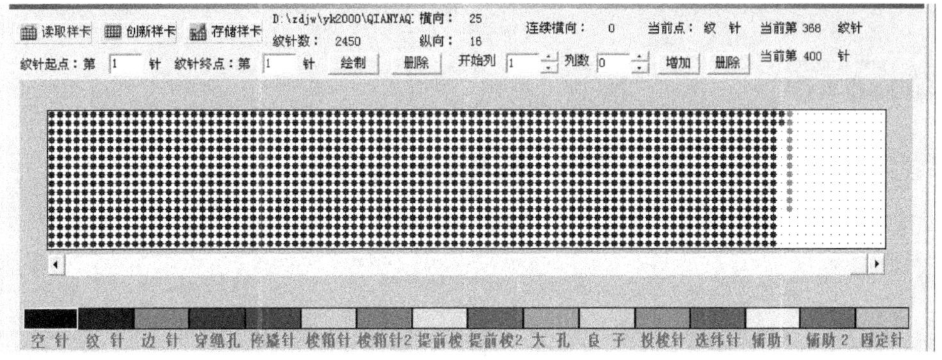

图 3-16 纹板样卡

三、通丝计算和目板规划

1. 通丝计算

因为采用单把吊，所以

每把通丝数=花数=5（根）
通丝把数=纹针数=2450（根）
一台织机的总通丝数=通丝把数×每把通丝数=5×2450=12250（根）

2. 目板规划

所用目板的穿幅=筘内幅+2=192+2=194cm
所用目板总列数=（一般等于）提花机本身所具有的纹针列数=16（列）
每花实穿行数=$\frac{目板所用纹针数}{花数}=\frac{766}{5}$=153.2（行）
修正取 154 行。
所用目板总行数=每花实穿行数×花数=154×5=770（行）
目板行密=$\frac{目板总行数}{目板穿幅}=\frac{770}{194}$=4.0 行/cm

3. 通丝穿目板

本织物分 5 个花区选用一顺穿法穿目板，见图 3-17。使用其穿法简单，通丝之间交错少。

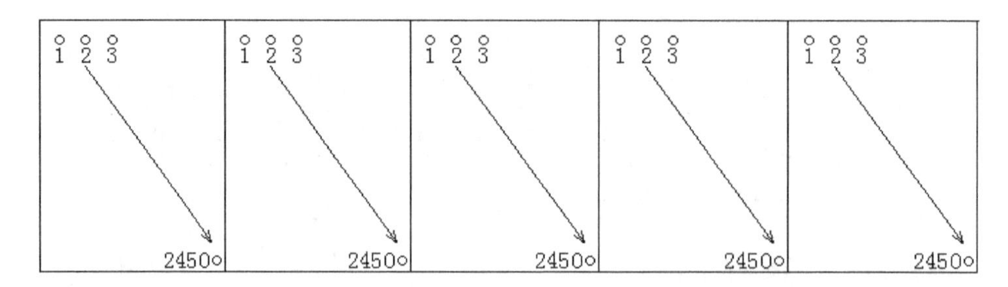

图 3-17 一顺穿法

【知识拓展】

跨把吊装置及棒刀应用

一、跨把吊装置

在机械式提花机上为了解决纹针数不足问题可以采用多把吊装置，而多把吊装置由于同一把吊控制下的经纱运动规律相同而带来经纱并置现象，使织物比较粗糙。为了解决这些问题而可采用跨把吊和棒刀装置。

图 3-18 所示为普通双把吊和部分跨把吊结构示意图。图 3-18（a）为双把吊不跨穿，当纹针 1、2 按照平纹组织运动时，由这两根纹针所控制的经纱形成$\frac{2}{2}$纬重平组织；图 3-18（b）也为双把吊，但通丝按照 1、3、2、4 交叉跨穿入目板孔，当纹针 1、2 也按照平纹组织运动时，但四根经纱也形成平纹组织。

除了图 3-18（b）所示的 1、3、2、4 跨把吊外，还有 1、4、2、3 和 2、3、1、4 跨把吊，如图 3-18（c）。

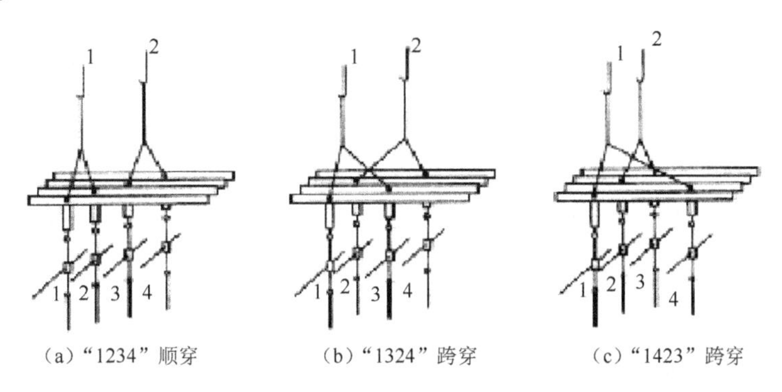

图 3-18　普通双把吊和部分跨把吊结构

采用跨把吊装置在一定程度上可解决经纱并置现象，但在目板上通丝交错，穿法复杂。

在生产中，可采用棒刀装置，由棒刀来分离多把吊下的经纱，使同一把吊下的经纱都有自己的运动规律。

二、棒刀应用

1. 棒刀的结构和作用

棒刀是狭长的木片，其规格尺寸由机幅宽和织物经密确定，一般比筘幅长 15cm，高度 40mm 左右、厚度 4mm 左右。每片棒刀均要穿入一列综丝的编带线（中柱线）环里，同一把吊下的编带线（中柱线）圈环应穿在不同的棒刀上，棒刀由棒刀绳吊挂到竖针上，并由这些竖针提升，如图 3-19 所示。通过棒刀绳提升棒刀的竖针称为棒刀针，棒刀针一般选用机前和机后竖针，棒刀针的运动规律称为棒刀组织，棒刀组织一般选用有规律的纬面组织。

使用棒刀装置后，棒刀提升、纹针提升或棒刀与纹针同时提升均可形成经组织点，这样使同一把吊上的经纱既能随纹针提升而上升，又能随棒刀针提升而上升，使每一根经纱既受纹针控制又受棒刀针控制，因此多把吊下的经纱的运动是棒刀针运动和纹针合成的结果。

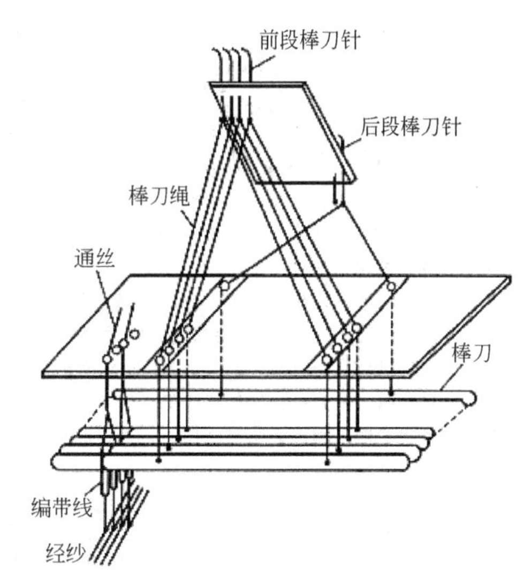

图 3-19　棒刀装置示意图

2. 棒刀的作用过程

当纹针运动规律和棒刀运动规律（棒刀组织）很好配合时，不仅能形成经纱单独运动的形式，还能织出符合要求的织物组织。

如图 3-20 所示为平纹地缎纹花的棒刀与把吊的配合图，图（a）为纹样图，图（b）为意匠图。意匠图阴影部位是意匠图的花部，花部单独由棒刀（或棒刀针）带织，意匠图的空白部分为地部，控制地部的纹针按“双起平纹组织”运动。图（c）是意匠展开图。在图（b）所示的意匠图上，每根竖针下吊两根经纱，且是1、3、2、4跨把吊，第1针控制1、3经纱，第2针控制2、4经纱，将图（b）所示意匠图上的8根竖针所控制的经纱按“1、3、2、4”跨把吊顺序展开后就形成了图（c）所示的意匠展开图。图（d）为棒刀组织图。棒刀组织是一个有规律的8枚纬面缎纹组织，单独由这个棒刀组织形成织物的花部组织。图（e）为由纹针和棒刀针双重配合织成的织物组织图，就是将棒刀组织重叠到意匠展开图（c）上而获得织物组织图。在这个织物组织图上，可以看到花部组织是8枚纬面缎纹组织，地部组织是平纹组织。

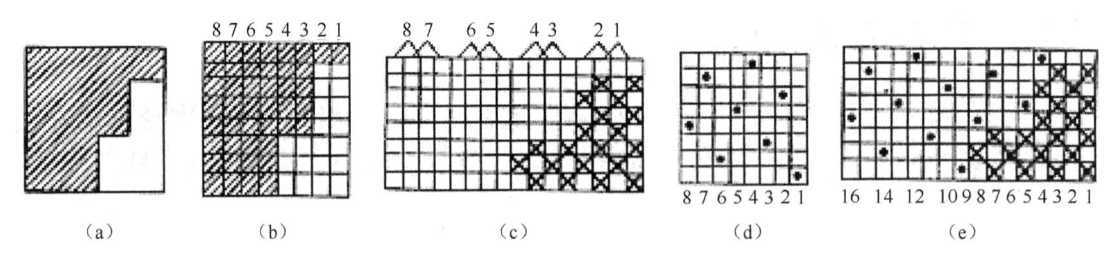

图3-20 棒刀与把吊的配合之一

又例如某一大提花织物采用普通双把吊，地组织为$\frac{1}{3}$左斜纹，花部为$\frac{3}{1}$右斜纹，正织上机，采用棒刀装置，棒刀起地部组织，如图3-21所示。图（a）为意匠图，意匠图的阴影部分为花部，控制花部的纹针按$\frac{2}{2}$经重平组织提经，意匠图的空白为地部，控制地部的纹针不提升；图（b）是意匠展开图，它是由图（a）按照普通双把吊、每根竖针吊两根经纱的情况下通过展开而得到；图（c）为1/3的棒刀组织，单独由棒刀组织形成织物的地部组织；图（d）为意匠展开图与棒刀组织配合后最终的织物组织图。

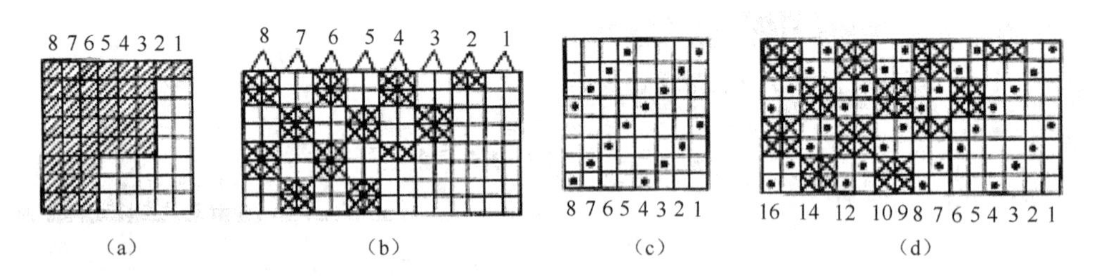

图3-21 棒刀与把吊的配合之二

【技能训练】

（1）到大提花实训室现场教学，并于课后到校外实训基地参观大提花织物的生产部门，了解目前常见的提花机型号与工作过程、工作原理。

（2）某企业制织花富纺，纹针800针，单造单把吊，全幅4花，求通丝根数。

（3）某提花织物上机经密为500根/10cm，筘齿穿入数为4根/齿，地组织为八枚缎纹，内经纱数为4608根，计算并规划目板。

项目四　意 匠 设 计

【任务目标】

（1）熟练掌握纹织 CAD 系统各个工具栏的操作功能。

（2）掌握意匠工艺编辑与装造、组织等的关系。

（3）结合大提花织物具体品种（台布、窗帘、锦缎、床品、毛巾、沙发布等），完成一幅完整的纹样绘制。

（4）掌握意匠图编辑的基本步骤及技巧。在一幅完整纹样意匠图的基础上，完成纹样分色、意匠设色、意匠勾边、点间丝、影光、泥地和组织表配置、投梭、纹板样卡设计、辅助针设置、纹板文件的形成、纹板保存和检查等一系列工艺的设置，完成一系列完整的 CAD 意匠编辑。

【知识准备】

（1）查阅织物意匠设计相关知识，搜集、整理、归纳关于不同组织结构、纹样大小的意匠图规格的确定方法。掌握纹织 CAD 中不同组织结构、不同装造条件下意匠图规格的选用、纵横格数的计算，完成纹织 CAD 上意匠规格的输入。

（2）掌握纹样分色、意匠设色、意匠勾边、点间丝、影光、泥地和组织表配置、投梭、纹板样卡设计、辅助针设置、纹板文件的形成、纹板保存和检查等以及织物模拟等意匠绘制处理知识。

任务一　认知意匠图

一、意匠设计的概念

意匠设计是指将设计好的纹样移绘放大到意匠图上，同时根据织物的经纬密度、花地组织结构和装造条件等进行组织点的覆盖，从而绘制成一张意匠图，用以指导纹板轧孔，以便顺利制作纹板。纹样设计完成以后，如何根据设计的纹样确定经纱的升降次序，是意匠设计的内容，也是大提花织物设计中的一项重要工序。

纹板是控制提花机纹针是否升降的信息库，而纹板制作是根据意匠设计的花地组织、提花机装造类型以及各种辅助针的升降规律进行纹板轧孔与编排的两道工序。对传统提花机来说，纹板上有孔表示对应的纹针提升，无孔则表示对应的纹针不提升；若是电子纹板，则可将纹针提升或下降的信息文件记录到磁盘上，用以控制纹针的升降。

意匠和纹板制作以前均采用手工操作，劳动强度大、容易出错，生产效率也很低。现在意匠工作和纹板制作基本都是利用纹织 CAD 技术，结合电子提花机和高速无梭织机，极大地缩短了提花织物的产品开发周期，为快速开发新品种提供了条件。不论是手工操作还是利用纹织 CAD 辅助设计，意匠设计和纹板制作的工作过程基本相同。

二、选用意匠图的规格

确定意匠图规格和意匠图大小是意匠工作的第一步。为了保证提花织物上的花纹图案与设计的纹样一致，必须把纹样移绘到特制的意匠图上。意匠图的纵格代表经线（或纹针）、横格代表纬线（或纹板）。为保证提花织物上的花纹图案不变形，意匠图的纵横格子比例要与织物成品经纬密度之比相符合。

1. 手绘意匠纸的规格

在手工绘制意匠图时，我国常用的意匠纸规格有“八之八”到“八之三十二”共 25 种。规格中前面的数字代表横格数，后面的数字代表与 8 个横格组成方格形时的纵格数。由于意匠图上纵格代表经线，横格代表纬线，故“八之八”规格[图 4-1（a）]表示经纬密度相等，“八之十六”规格[图 4-1（b）]表示经密比纬密大一倍。大多数的织物其经密大于纬密，对于个别纬密大于经密的品种，可将意匠纸横用，当经纬密度相差很大而选不到合适的意匠纸时，可将同方向的两格作为一格使用。

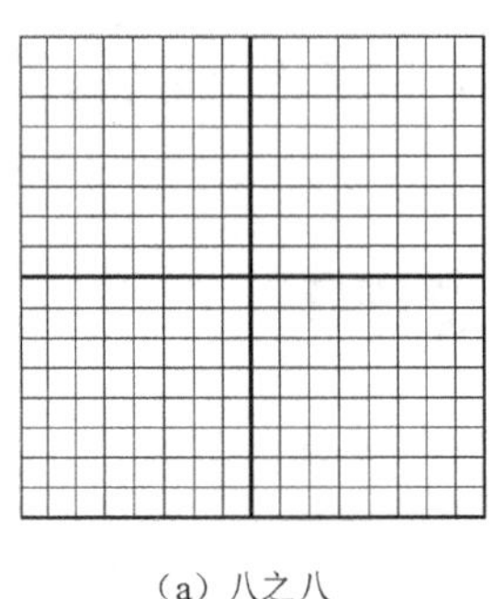

（a）八之八

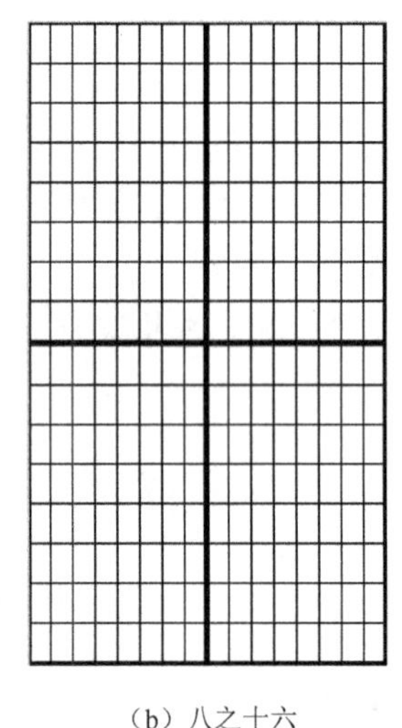

（b）八之十六

图 4-1 我国传统手绘意匠纸

根据我国的生产习惯，手工绘制意匠图时，意匠图纵格次序为自右至左，横格次序为自下而上，在每一粗线大格中，纵横格数均为 8 小格，以适合常用组织如平纹、4 枚斜纹、8 枚/12 枚/16 枚缎纹组织的绘画及便于纹板轧孔。

意匠纸的规格根据经纬密度比计算的结果而定。我国计算意匠纸密度比的一般公式为：

$$意匠纸密度比=\frac{织物成品经密/(把吊数\times分造数)}{织物成品纬密/纬重数}\times 8$$

当经重数（或纬重数）不等于 1∶1 时，意匠纸密度比可按下列公式计算：

$$意匠纸密度比=\frac{织物成品表经经密/把吊数}{织物成品表纬纬密}\times 8$$

意匠纸规格均为整数，计算所得若有小数时，可四舍五入取其整数，选用近似的意匠图。

2. 纹织 CAD 意匠图的规格

在纹织 CAD 中，意匠图规格是根据经纬密度之比而定，无八之几的概念，大格内的纵横格数也可任意设定，以适应组织的变化。即经密对话框里输入经密（织物成品表经经密/把吊数），纬密对话框里输入纬密（织物成品表纬纬密），意匠图就会根据经纬密度之比自动生成。

$$意匠图规格=\frac{织物成品表经经密/把吊数}{织物成品表纬纬密}$$

意匠图密度比的计算首先要考虑织物成品的经纬密，同时，也要考虑到织物的组织结构和装造情况。例如：在单层大提花织物中，意匠图上每一纵格代表一个花纹循环中的 1 根经纱，每一横格代表 1 根纬纱；对于重经或重纬纹织物，意匠图上的每一纵（横）格可以代表 2 根或 2 根以上的经（纬）纱；在采用多把吊装置或分造装造时，意匠图上每一纵格代表把吊数或分造数的经纱。电子提花机基本不用多把吊装置。

案例 1：某单层提花织物，单造单把吊，成品经密为 120 根/cm，成品纬密为 40 根/cm，确定意匠图规格。

$$意匠纸密度比=\frac{织物成品经密/(把吊数\times分造数)}{织物成品纬密/纬重数}\times8=\frac{120/(1\times1)}{40/1}\times8=24$$

当采用手工绘制意匠图时，选用八之二十四意匠纸。

在纹织 CAD 中，将 120 输入经密对话框，将 40 输入纬密对话框，意匠图的规格即自动形成。此时，意匠图每一纵格代表 1 根经纱，每一横格代表 1 根纬纱。

案例 2：某双层提花织物，双造单把吊，成品经密为 40 根/cm，成品纬密为 28 根/cm，确定意匠图规格。

$$意匠纸密度比=\frac{织物成品经密/(把吊数\times分造数)}{织物成品纬密/纬重数}\times8=\frac{40/(1\times2)}{28/2}\times8=11.4$$

当采用手工绘制意匠图时，选用八之十一意匠纸。

在纹织 CAD 中，将 20（即 40/2）输入经密对话框，将 14（即 28/2）输入纬密对话框，意匠图的规格即自动形成。此时，意匠图每一纵格代表 2 根经纱，每一横格代表 2 根纬纱。

案例 3：某经二重织物，双造单把吊装造，成品经密为 119 根/cm，成品纬密为 60 根/cm，确定意匠图规格。

$$意匠纸密度比=\frac{织物成品经密/(把吊数\times分造数)}{织物成品纬密/纬重数}\times8=\frac{119/(1\times2)}{60/1}\times8=7.9。$$

当采用手工绘制意匠图时，选用八之八意匠纸。

在纹织 CAD 中，将 60（即 119/2）输入经密对话框，将 60 输入纬密对话框，意匠图的规格即自动形成。此时，意匠图每一纵格（2 根纹针）代表 2 根经纱，每一横格代表 1 根纬纱。

案例 4：某经二重织物，大小造单把吊装造，表经∶里经=2∶1，成品经密为 90 根/cm，成品纬密为 55 根/cm，确定意匠图规格。

$$意匠纸密度比=\frac{织物成品表经经密/把吊数}{织物成品表纬纬密}\times8=\frac{90\times2/3}{55}\times8=8.7。$$

当采用手工绘制意匠图时，选用八之九意匠纸。

在纹织 CAD 中，将 60（即 90×2/3）输入经密对话框，将 55 输入纬密对话框，意匠图的规格即自动形成。此时，意匠图上每两个纵格代表 3 根经纱，其中 2 根为表经，1 根为里经；每一横格代表 1 根纬纱。

意匠纸的规格与计算及其选用是意匠设计工作的基本内容，而意匠图绘画则是意匠设计工作的重要内容。

三、确定意匠图纵横格数

纹样在意匠图上通常只画一个花纹循环，对称纹样只画 1/2，余下部分通过纹织 CAD 复制，由对称等功能或者由对称装造来完成。

提花机装造采用单造时，整幅意匠图上的纵格数与所用纹针数相同；当采用分造装造时，纵格数只与一造的纹针数相同；当分造有大、小造时，纵格数与大造纹针数相同。意匠图上的横格数是由纹样长度、纬密及纬重数决定，而且，纵、横格数还必须是花、地组织循环的倍数，具体算法如下。

1. 意匠图纵格数计算

（1）单造纹织物

① 单造单把吊

纵格数=一个花纹循环经线数= 纹针数

② 单造多把吊

纵格数= 一花纹循环的经纱数/把吊数=纹针数

（2）分造（区）纹织物

① 双造及多造（各造经纱比为 1∶1）

纵格数= 一花纹循环的经纱数/造数= 一造纹针数

② 大小造

纵格数=大造纹针数

2. 横格数计算

意匠图横格数=纹样长度×表纬纬密

案例 5：某纬三重织物，内经线数 9280 根，单造双把吊织造，全幅 4 花，地组织和边组织为二重结构，表组织为 8 枚缎纹、里组织为 16 枚缎纹，纹样长 20cm，成品经密 130 根/cm，成品纬密 132 根/cm。选用意匠图规格并确定纵横格数。

解：$意匠纸密度比=\dfrac{织物成品表经经密/把吊数}{织物成品表纬纬密}\times 8=\dfrac{130/2}{132/3}\times 8=11.8$

意匠图规格为八之十二。

意匠图纵格数=纹针数= 9280/（4 × 2）=1160 格，合 145 大格；

意匠图横格数=纹样长度 × 表纬纬密=20 × （132/3）=880 格，合 110 大格。

地组织和边组织均为 8 枚及 16 枚缎纹，纵横格数必须为 16 的倍数，而上述计算结果均为 16 的倍数，所以不需修正。

在纹织 CAD 中，将 65（130/2）输入经密对话框，将 44（132/3）输入纬密对话框，1160

纵格数输入纵格数对话框，880 横格数输入横格数对话框，意匠图的规格和大小即自动生成。

任务二 意匠图绘制处理

在意匠设计中，意匠图绘制处理则是意匠设计工作的重要内容，它主要包括纹样绘制和设色、意匠设色、意匠勾边、影光、泥地、意匠点间丝、组织表配置、投梭和纹板样卡设计、纹板生成等步骤。

意匠图绘制是一项细致而复杂的工作，也是一项技术与艺术结合的工作。在绘制时，必须根据纹样特点和要求忠实地体现纹样的原貌特征或对纹样确有缺陷的地方加以修正，使之符合提花织物的组织结构要求。大提花织物的种类很多，意匠绘画时必须了解所绘制品种的组织结构、装造方法、纹样特点等，综合以上各种因素后决定意匠图的绘制方法。

一、纹样绘制与设色

纹样绘制可以根据客户要求、织物分析数据以及设计师的经验进行花纹造型、表现技法、组织构成等方面的绘制和处理。纹样绘制和处理过程是一个复杂过程，小的花型半小时或几小时就可以完成，但对于大花型或客户要求精细的花型，需要十几天才能完成，所以纹样绘制工作需要细心、耐心和持之以恒。

（1）根据客户要求及布样或花样图案特征，获取纹样设计信息，如全幅纹样布局、纹样题材类型、组织构成形式、纹样长度、纹样宽度、纹样的表现手法等；获取织物工艺规格信息，如织物幅宽、原料、纱线规格、织物经纬密度、织物组织、织物经纬纱色彩分析等。

（2）利用纹织 CAD、Photoshop、CorelDraw 等软件进行纹样的初步绘制。也可将纹样或花纹图案放入扫描仪，扫描一个花回内的纹样。如果花回太大，将纹样分为若干个部分，依次扫描，最后可利用纹织 CAD 的拼接功能将多次扫描的花稿拼接成一幅完成的原稿。将扫描的若干图稿拼接在一起。

（3）在纹织 CAD 中输入经线数、纬线数、经密、纬密等小样参数。将绘制好或扫描好的纹样导入纹织 CAD 系统进行图像调整使其满足工艺要求。为了确保纹样的准确和美观，一般要经过 2~4 次的调整。图像调整取决于样布的经纬密、花回的长度和宽度。

（4）在纹织 CAD 中根据布样上的组织效应设色或分色处理。对于不同组织的花纹，在意匠图上需用不同颜色涂绘。织物组织越复杂，经纬组数越多，意匠图上色彩也就越丰富。因此，意匠图上的各种颜色只是代表不同组织结构的花纹。组织相同的地方就用相同的颜色进行设置，即一种颜色对应一种组织。

（5）在纹织 CAD 中对图像再次进行细节修饰，如某个色块中心混有其他色杂点的处理；花部与花部之间局部轮廓不清晰的处理；纹样接回的处理等。

对于修饰好的纹样，还要进一步进行意匠图设计，如进行勾边处理、间丝处理等。

二、勾边

在纹织 CAD 中，勾边工作由计算机自动完成，为保证勾边符合一定的要求和花纹轮廓曲线的完美，勾边还需要适当的手工修正。勾边时，不仅要考虑花纹轮廓曲线的圆滑、流畅、活泼、生动和自然，还要考虑地组织结构以及装造条件等因素，以保证织物花纹轮廓的清晰、正确。归纳起来，勾边一般可分为自由勾边、平纹勾边、变化勾边三种。

1. 自由勾边

自由勾边的落笔跳跃，格数不受任何限制，只需正确而圆滑地勾出花纹轮廓即可，如图4-2所示。提花织物的地组织或相邻的花组织为斜纹、缎纹或其他不含平纹的变化组织，单把吊、采用意匠不展开方式处理、各组纬纱为1∶1的重经、双层织物或重纬织物，均适用于自由勾边。

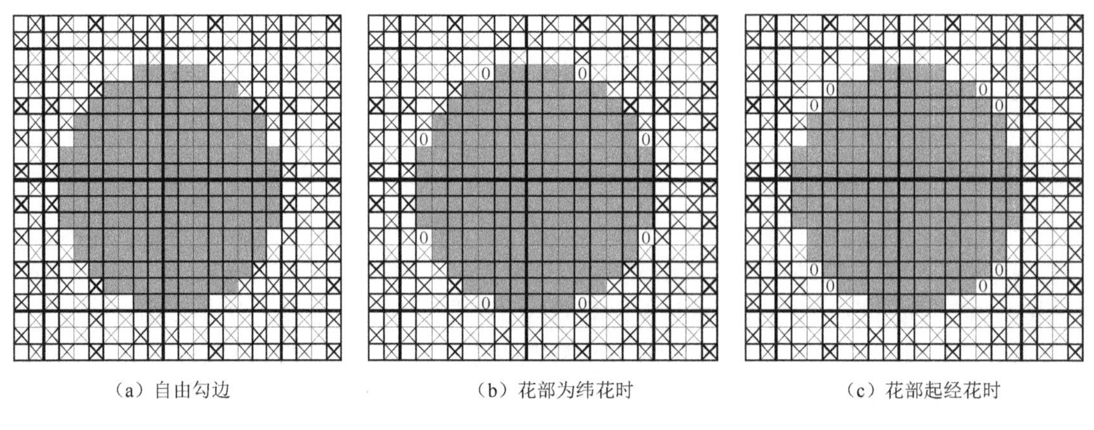

（a）自由勾边　（b）花部为纬花时　（c）花部起经花时

图4-2　自由勾边

2. 平纹勾边

若采用自由勾边，当织物在平纹地上起的是纬浮长占优的纬花时，花纹轮廓的纬浮长会与地组织的纬浮点相交[见图4-2（b）]，从而会导致由于纬浮长的延伸而造成花纹轮廓的变形。当织物在平纹地上起的是经浮长占优的经花时，花纹轮廓的经浮长会与地组织的经浮点相交[见图4-2（c）]，也会导致由于经浮长的延伸而造成花纹轮廓的变形。必须使用平纹勾边方法。

（1）单起平纹勾边　单起平纹勾边就是指勾边的起始点一定是位于奇数纵格和奇数横格（或偶数纵格和偶数横格）相交的意匠格中，也就是俗称的逢单点单或逢双点双。在确定了花纹轮廓的起始点之后，此后的勾边的纵横向的过渡均为奇数（也就是勾边的落点一定在奇数纵格和奇数横格或偶数纵格和偶数横格相交的意匠格）。当织物在平纹地上起的是纬浮长占优的纬花时，就能使花纹轮廓的纬浮长与地组织的经浮点相交，从而避免了由于纬浮长的延伸而造成花纹轮廓的变形。

在纹织CAD系统中，单击“勾边”工具栏，选择平纹、“单起”，如图4-3（b）所示。

（2）双起平纹勾边　双起平纹勾边就是指勾边的起始点一定是位于奇数纵格和偶数横格（或偶数纵格和奇数横格）相交的意匠格中，也就是俗称的逢单点双或逢双点单。在确定了花纹轮廓的起始点之后，以后的勾边的纵横向的过渡均为奇数。当织物在平纹地上起的是经浮长占优的经花时，就能使花纹轮廓的经浮长与地组织的纬浮点相交，从而避免了由于经浮长的延伸而造成花纹轮廓的变形。

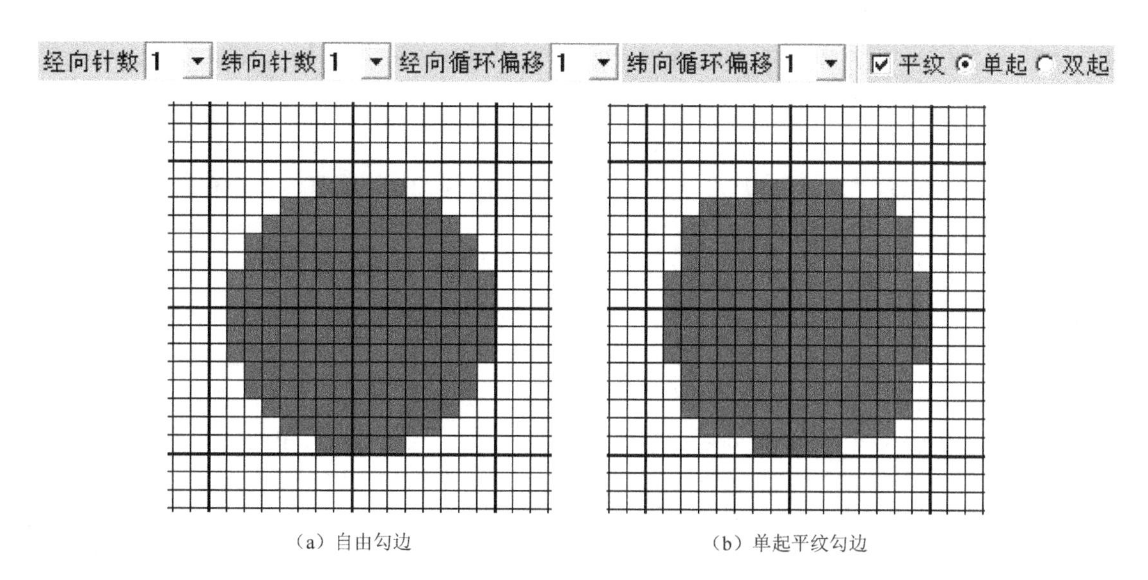

（a）自由勾边　　（b）单起平纹勾边

图 4-3 单起平纹勾边

在纹织 CAD 系统中，单击“勾边”工具栏，选择平纹、“双起”，如图 4-4（b）所示。

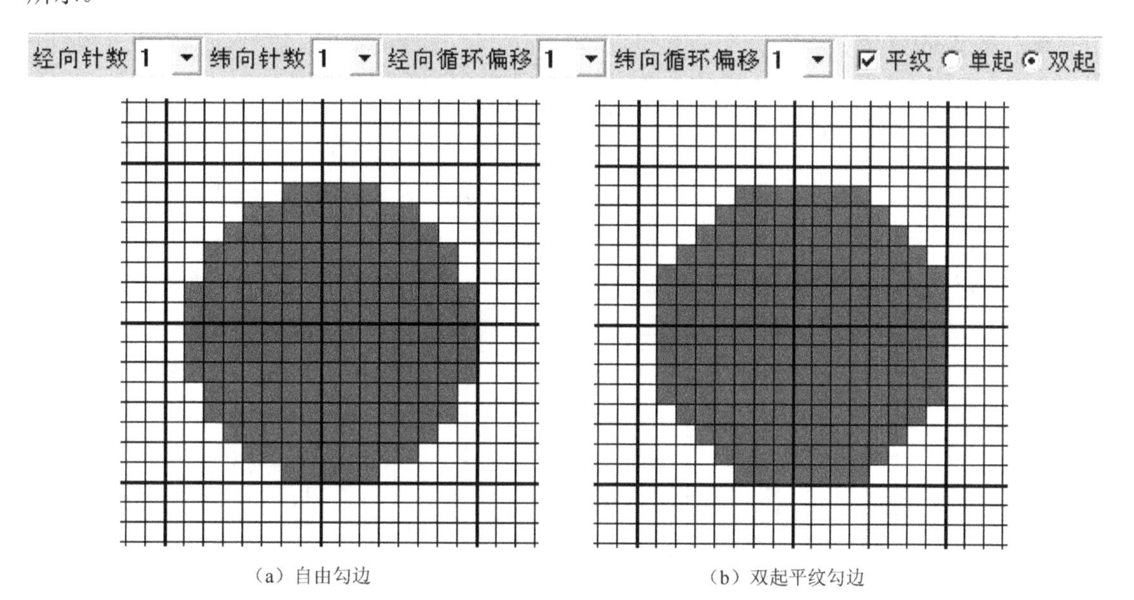

（a）自由勾边　　（b）双起平纹勾边

图 4-4 双起平纹勾边

对于地组织为平纹的单层纹织物，经纬向都只有一组纱线，经、纬花需采用平纹勾边。对于重纬纹织物，有两组或两组以上的纬纱，当纬花与平纹属同一组纬纱时，需平纹勾边；当纬花与平纹不属同一组纬纱时，可自由勾边。

3. 变化勾边

由于跨把吊、大小造等装造及某些组织结构的需要，在意匠图勾边时，纵横格数的过渡有一定要求。变化勾边种类很多，目前常用的有以下几种。

（1）横向偶数过渡　适用于组织为$\frac{2}{2}$纬重平以及装造为 2∶1 大小造织物的花纹勾边。

勾边时，横向以 2、3 及 4、5 偶数纵格为过渡单位，又称“双针跨勾”。适用于某些起始位置变化的纬重平、方平组织等。

（2）纵向偶数过渡　纵向以 1、2 及 3、4 偶数横格（梭）为过渡单位，横向纵格可以自由过渡的勾边，称为“双梭勾边”，这种勾边适用于组织为 2Z 经重平、方平和表里纬之比为 2∶1 的重纬的勾边。纵向若以 2、3 及 4、1（或 4、5）偶数横格（梭）为过渡单位的勾边，称为“双梭跨勾”。适用于某些起始位置变化的经重平和方平组织等。

（3）纵横向均为偶数过渡　纵、横向均以 1、2 及 3、4 偶数格（针、梭）为过渡单位的勾边，称为“双针双梭勾边”。纵、横向均以 2、3 及 4、1（或 4、5）偶数格（针、梭）为过渡单位的勾边，称为“双针双梭跨勾”，适用于某些起始位置变化的方平等组织。

（4）多针多梭勾边　纵、横向以三格或三格以上（针、梭）为过渡单位的勾边，称为“多针多梭勾边”。适用于表里经纬之比为 3∶1 或大于 3∶1 的织物勾边，或透孔组织、纱罗组织的循环数≥3 的织物勾边以及其他要求的织物勾边。

在纹织 CAD 上，打开“勾边”工具栏，选择经向针数、纬向针数便可进行变化勾边。

双梭勾边：经向针数 1　纬向针数 2　经向循环偏移 1　纬向循环偏移 1　□平纹 ⊙单起 ○双起

双针双梭勾边：经向针数 2　纬向针数 2　经向循环偏移 1　纬向循环偏移 1　□平纹 ⊙单起 ○双起

三针三梭勾边：经向针数 3　纬向针数 3　经向循环偏移 1　纬向循环偏移 1　□平纹 ⊙单起 ○双起

4. 勾边的注意事项

（1）在纹织 CAD 系统中，经纱排列比为 1∶1 重经组织采用意匠不展开方式或重设意匠后再展开方式处理均不需采用双针勾边。纬纱排列比为 1∶1 的重纬组织采用意匠不展开方式或重设意匠后再展开方式处理均不需采用双梭勾边。经纬纱排列比为 1∶1 的双层组织采用意匠不展开方式或重设意匠后再展开方式处理均不需采用双针双梭勾边。

如图 4-5 所示为意匠不展开方式绘制纬二重织物，重设意匠展开后自动形成双梭过渡。

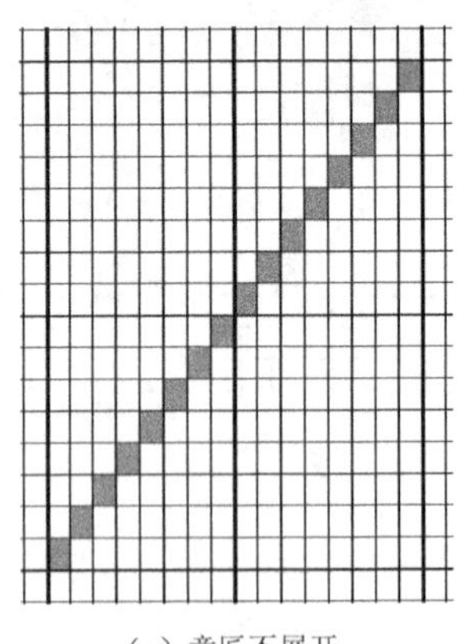

（a）意匠不展开

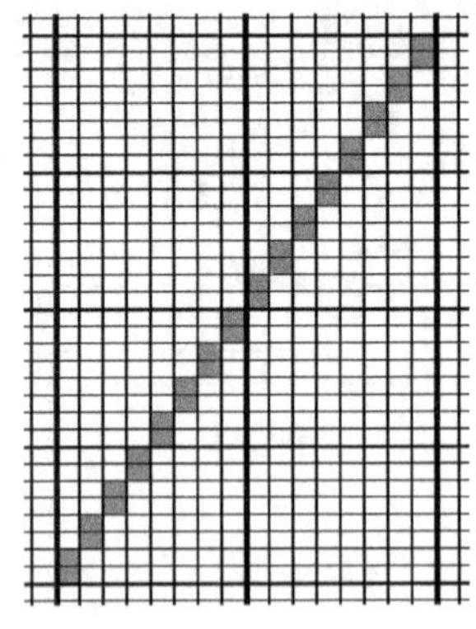

（b）意匠展开后

图 4-5　意匠不展开方式绘制纬二重织物

如图 4-6 所示为意匠不展开方式绘制双层织物，重设意匠展开后自动形成双针双梭过渡。

（2）两种相邻接触的组织，必有主次之分，勾边时应服从主要的组织的勾边要求。如双层或重组织，同一系统的纱线形成的两种组织，则要考虑有无平纹因素而决定是否平纹勾边。

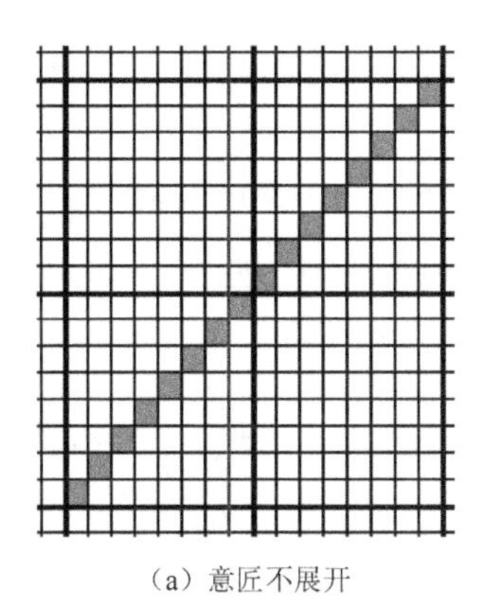

(a) 意匠不展开

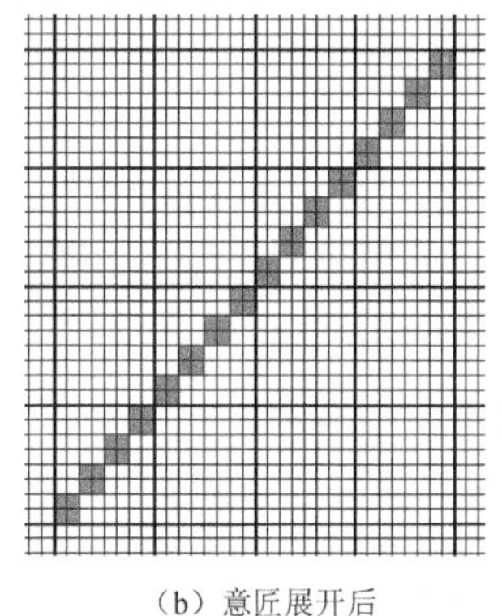

(b) 意匠展开后

图 4-6 意匠不展开方式绘制双层织物

三、阴影

阴影是纹样上由明到暗或由暗到明的过渡。在织物上体现阴影是由织物组织浮长的变化来实现的，也可以由组织点的密度变化来实现。对于某些花纹亮度按照由明到暗的层次变化的纹样，如受光照的花瓣、树叶、动物羽毛，可以用阴影组织来表达，使花纹生动活泼的显示在织物上。阴影画法有以下三种。

1. 影光意匠画法

影光意匠画法是以织物正面用缎纹或斜纹组织为基础逐步添加或减少组织点而形成，即织物上由经面组织过渡到纬面组织；或从纬面组织过渡到经面组织。丝织物中，影光的基础组织以 8 枚缎纹用的多。

影光画法中，以其影光方向而言，有直丝、横丝、斜丝三种；以勾边形式而言，可分为自由勾边和平织勾边两种。以花地组织结构的合理配置看，经花用直丝影光，纬花用横丝影光，斜丝影光则经、纬花均可应用；根据花型的走势，也可以组合使用。当然，影光的花丝应表现得活泼，长短搭配合理，切忌呆板。

在纹织 CAD 上，打开“影光”工具栏▦，在上方的辅助工具栏里选择使用选项，设置“参考组织”将改变影光基本组织，设置“经向宽”和“纬向高”将改变影光的范围，点中“经加强”或“纬加强”可以使影光得到加强组织，设置“加强点数”将改变影光的加强组织，如图 4-7 所示。

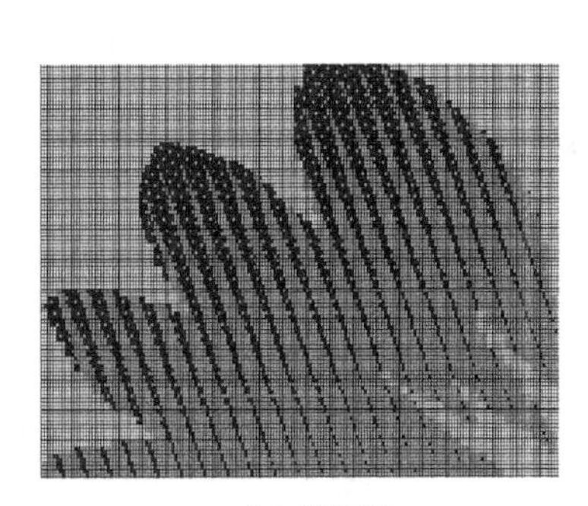

(a) 经加强

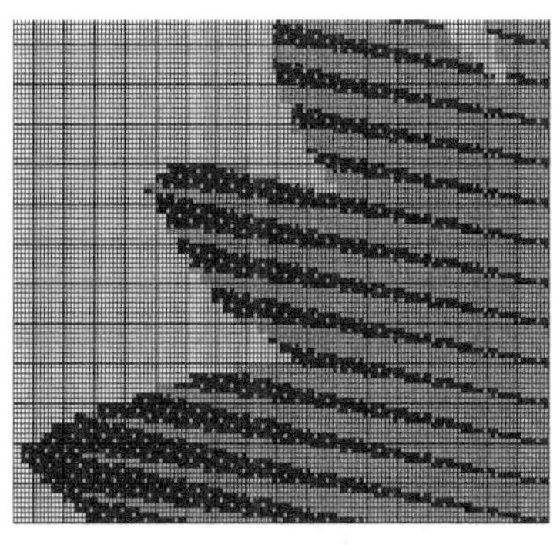

(b) 纬加强

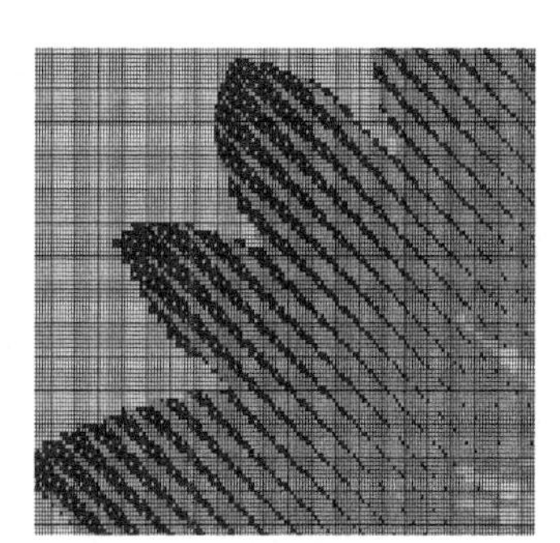

(c) 同时加强

图 4-7 纹织 CAD 影光画法

2. 泥地意匠画法

泥地意匠画法主要是表现纹样中无规则的、随意性较大的阴影效果的纹样。

在纹织 CAD 上打开“泥地”工具栏，泥地意匠图有五种，分别是颗粒、渐变、环形、冰片、震碎，如图 4-8 所示。

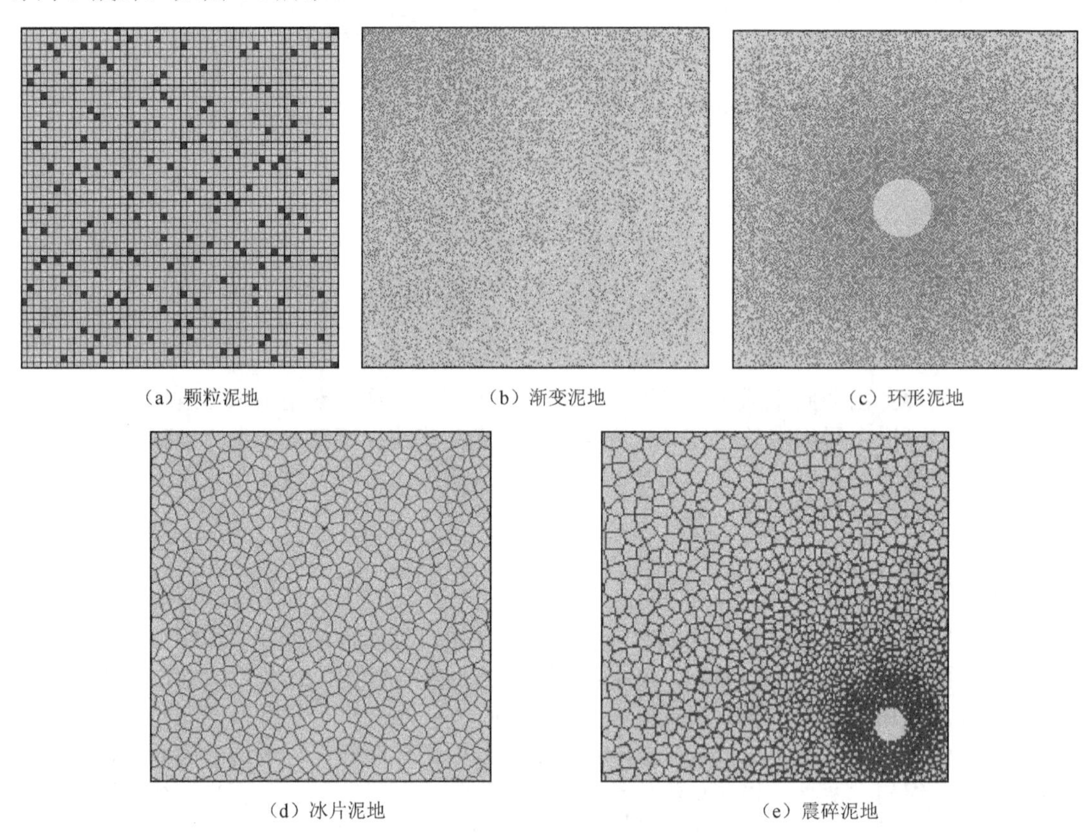

（a）颗粒泥地 （b）渐变泥地 （c）环形泥地 （d）冰片泥地 （e）震碎泥地

图 4-8 纹织 CAD 泥地意匠画法

颗粒泥地用于在点击的颜色上，指定范围内铺设均匀的颗粒形状的泥地；

渐变泥地用于在指定范围内，沿着指定的方向铺设由密到疏的颗粒形状的泥地；

环形泥地用于在指定的环形内，铺设由内向外逐渐变密或变疏的颗粒形状的泥地；

冰片泥地用于在点击颜色上，指定范围内铺设均匀的冰片形状的泥地；

震碎泥地用于在点击颜色上，指定范围内铺设由内向外逐渐变大的冰片形状的泥地。

四、间丝

间丝，也称点间丝或间丝点。间丝是用来压抑经或纬浮长过长的组织点，以增加织物牢度。经花的经浮长用纬组织点压抑，称为纬间丝；纬花的纬浮长用经组织点压抑，称为经间丝。间丝的作用还有增加纹样明暗层次、防止纱线滑移、构成特定组织等作用。间丝一般分为平切、活切、花式三类。

1. 平切间丝

平切间丝，又称为“斜纹、缎纹间丝”，间丝按斜纹、缎纹等有规律地组织分布，如图4-9（a）所示。这类间丝分布均匀，具有纵横兼顾的作用，即对经纬浮长都起限制作用。因此在单层及重经、双层纹织物中应用较多。在重纬纹织物中，当花纹面积较大时也可应用。

2. 活切间丝

活切间丝，又称自由间丝或顺势间丝，间丝的走势与纹样的走势或脉络相同。在意匠图上依据花叶脉络或动物的体形姿态点成间丝，既切断了长浮纱线，又表现了花纹形态，一般只能切断单一方向的浮长。因此大多应用于重纬纹织物，而单层及重经纹织物也有少量应用。如图4-9（b）所示，织物为横织，花纹方向为纬向，间丝切断的是纬浮长。

3. 花式间丝

花式间丝又称花切间丝，间丝根据花纹内容、块面大小等因素，设计成各种曲线或几何图形，起到截断浮长的作用，并使花纹形态变化多样。花切间丝常以人字斜纹、菱形斜纹、曲线斜纹等斜纹变化组织为基础，如图4-9（c）所示。

（a）平切间丝

（b）活切间丝

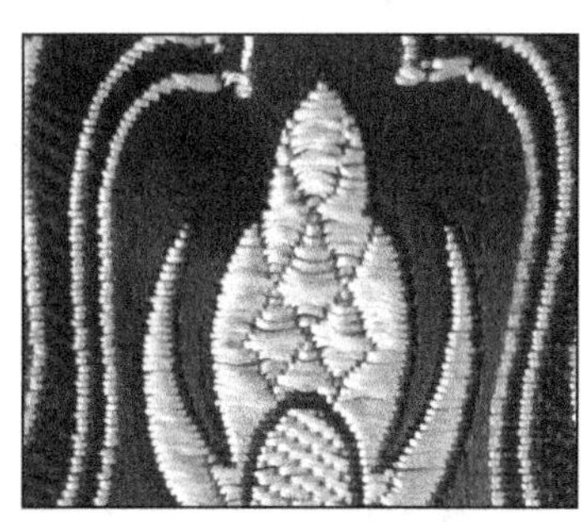

（c）花切间丝

图4-9 间丝点

在纹织CAD上，打开“间丝”工具栏，选择画点或随意间丝选项，选择排笔距，可画出等距离排列的平切间丝或活切间丝，见图4-10（a）（b）。选择画线选项，可画出花切间丝，此时排笔距不起作用，见图4-10（c），其中画点和画线选项还可符合平纹单起或双起。

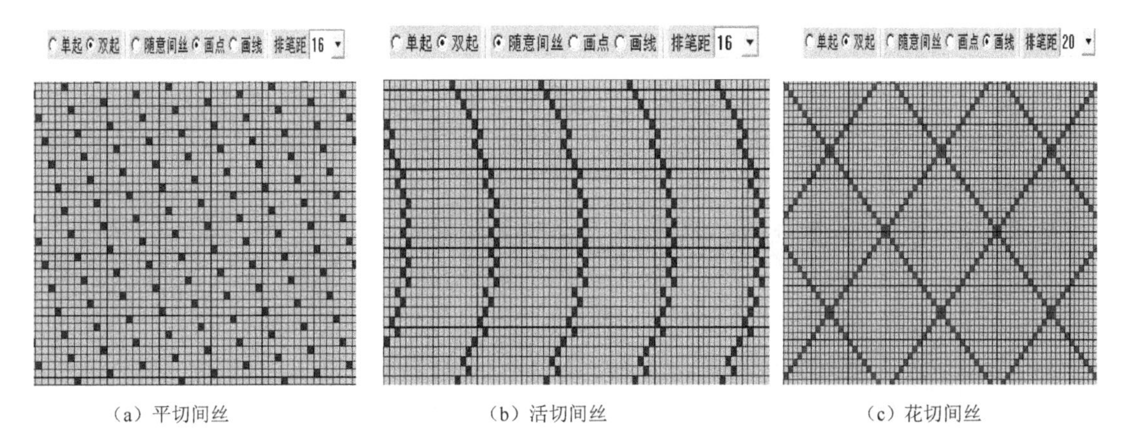

（a）平切间丝 （b）活切间丝 （c）花切间丝

图4-10 纹织CAD间丝画法

五、组织表配置

在意匠文件中上，颜色与组织的对应关系可用组织配置表或组织表来说明。组织配置表和组织表相当于传统手工画意意匠图的纹板轧法说明表。点击“工艺工具栏”中的“组织表”功能键，在填组织配置表时需在相应列对应颜色的每个对应框中填入组织设置时所使用的组织文件名或组织别名。

六、投梭

若织物为单层织物，生成投梭文件只需一梭。点击“工艺工具栏”中的“投梭”功能键，在调色板上选择投梭颜色 1#色，在意匠区点击一下投梭结束，再点击“投梭”按钮，投梭自动保存，意匠文件上方自动显示投梭信息。

七、纹板样卡设计

纹板样卡是生成纹板文件的依据。在纹织 CAD 编辑中，纹板样卡是 CAD 的一个子文件，用于指导纹板文件的生成。在纹板样卡上要对全部的纹针、辅助针进行合理的安排，确定纹针、辅助针的位置。

八、生成纹板

当组织表设置、辅助针设置、投梭结束、样卡设置成功后，就可以生成关键的纹板文件。纹板处理时可以根据提花龙头的具体型号来选择所要生成的具体织造文件类型。

任务三　纹织 CAD 编辑意匠图

一、简介

利用计算机进行意匠绘画和纹板轧孔的系统称为纹织 CAD。采用纹织 CAD 进行意匠绘画和生成纹板，效率得到了极大的提高，故目前绝大部分提花织物生产厂家均采用了纹织 CAD 系统。

纹织 CAD 系统编辑意匠图主要有以下几个操作步骤。

（1）扫描：纹样→扫描→分色→设经、纬线→存意匠图。

（2）绘图：读取意匠图→修改图案→保存意匠图。

（3）工艺处理：接回头→勾边、包边→铺组织→存意匠图。

（4）纹板处理：投梭→建组织配置表→选择样卡→生成纹板。

二、纹织 CAD 编辑意匠图

下面介绍浙大经纬纹织 CAD 系统编辑意匠图的主要操作功能。

（一）主工具栏

1. 打开（）

（1）点此按钮，弹出“打开文件”对话框，在文件类型组合框中选择文件类型，再在文件列表中选择要打开的文件，左键点击，再点打开按钮即可（按 Ctrl＋O 键与按打开按钮功能一样）。

（2）对话框下方为选中文件的缩略图。

（3）按钮旁边的下拉按钮点中，将弹出最近打开的文件列表菜单（图 4-11），点中菜单项，即可直接打开意匠、图片等文件。

2. 打开纹板（）

（1）单击该按钮，弹出打开纹板对话框，如图 4-12 所示。

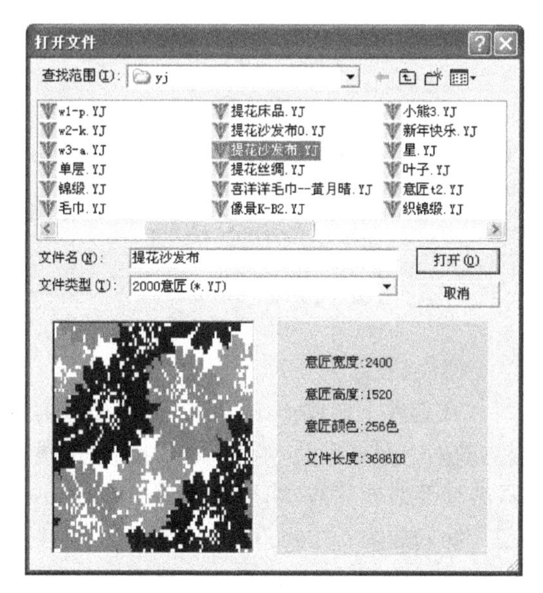

图 4-11　打开意匠

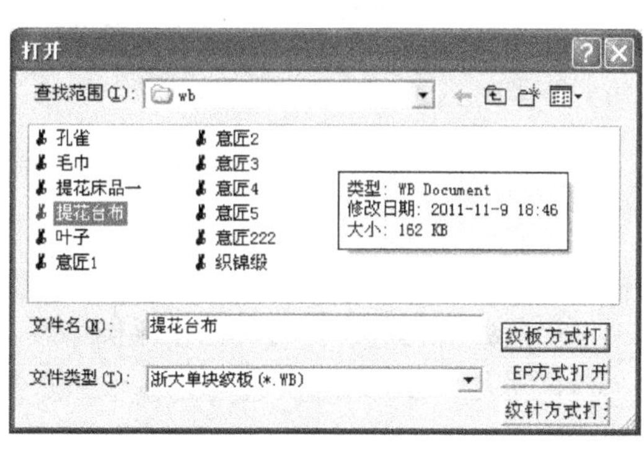

图 4-12　打开纹板

（2）因为纹板有不同的类型，并且不同类型的纹板文件存在不同的目录下，所以在文件类型中选择不同的类型时，系统会自动打开对应的目录，单击要打开的文件。

（3）纹板文件打开方式有三种，单击不同方式的打开按钮，就可打开选中的纹板文件。

3. 文件恢复（）

其他文件恢复　选择文件　全局恢复

点此按钮后，在意匠上框定矩形选区，则从最后保存的文件中恢复选区位置的图像；在上方工具栏里设置使用选项，单击“全局恢复” 将从文件中恢复整个意匠图；“其他文件恢复”可选择文件，即将所选的文件在恢复选区的对应位置出现。

4. 局部选择（ ）

（1）点此按钮，可以在意匠图上进行框定矩形选区的操作。点左键确定一个顶点，按住左键拖拽鼠标至结束点，放开左键即可。

矩形选区后，鼠标在选区边缘可拉伸选区范围，不改变选区位图，在选区内可移动选区位图，选区外可重选矩形选区（原选区落下）。

（2）矩形选区在特殊状态（如换色、包边等）下，在选区边缘可拉伸选区位图。

（3）如要去掉选区框，按 Esc 键即可。

5. 多边形选择（ ）

（1）点此按钮，可以在意匠图上进行框定多边形选区的操作。点左键确定多边形起点，放开左键拖拽鼠标至下一个顶点，点击右键，放开，再拖拽鼠标至下一顶点，点击右键，如此反复，直至画出所有顶点，在最后一个顶点处点左键结束。

（2）在多边形选区顶点可改变顶点位置，不改变选区位图，在选区内可移动选区位图，选区外可重选多边形选区（原选区落下）。

（3）其他操作同局部选择。

6. 意匠格（ ）

点下此按钮，可以在意匠图上显示意匠格，意匠格颜色在右下方的特殊调色板中设定，意匠放大倍数小时，意匠格不显示，再次点此按钮，意匠格消失。

意匠格大小在“系统参数设置”功能里设定。

7. 缩放（ ）

只改变经线 只改变纬线 同时改变经纬线 按比例缩放 放大 缩小 整幅显示

在上方的辅助工具栏里设置使用选项，缩放时，在意匠上左键点击即可。如果要放大特定区域，选放大，再意匠上用左键点击并拖拽，框定放大区域即可；整幅显示时，不能进行修图操作；按比例缩放，是按经纬密比例缩放。若只改变经线或纬线，可以用键盘中间的 Insert 键（经向放大）、Delete 键（经向缩小）、Page Up 键（纬向放大）、Page Down 键（纬向缩小）、Home 键（恢复 1∶1 比例，显示意匠左上角）、End 键（Home 键前最后一次状况）、最大放大比例为 32，最小为 1。

（二）扫描工具栏（扫描）

1. 切换（ ）

各工具栏之间的切换。

2. 扫描（ ）

（1）单击该键，此时出现在屏幕上的是一幅上一次扫描后的图案，检查扫描设置。

（2）单击“预览”，计算机开始预扫描，结束后屏幕上出现一幅图和一个闪烁的虚线框。

（3）将光标移至虚线框边上，光标出现<-或 ->，则可拉动边框定取范围。若将光标移至虚线框内，光标变成 时，可移动整个范围，也可自行设定扫描尺寸。

（4）扫描范围定好后，单击“扫描”，开始扫描，稍后会出现“经纬密设置”对话框。

（5）填入经纬密后点“确定”或直接点“取消”，就呈现一图形文件。

3. 放大缩小（ ）

（1）单击该键，则可以放大缩小所显示的位图。

（2）在位图上需要放大的部位单击，则位图被放大，如果在单击的同时按下了 SHIFT 键，则位图被缩小。

（3）放大时，按下鼠标不放，可拉出一个虚线框，则放大虚线框包围的范围到整个屏幕。

4. 亮度对比度调整（ ）

可移动亮度对比度的滚动条进行调节，直至图形清晰即可。

5. 裁剪（ ）

校正裁剪后的图象 宽度 3.871 高度 7.143 单位 厘米

（1）单击该键，则可以裁剪位图。

（2）在位图上按住鼠标左键不放，移动鼠标，拉出裁剪框。

（3）按住鼠标，移动裁剪框周围的八个点，可以改变裁剪框的大小。

（4）在裁剪框内双击鼠标左键可以裁剪位图，或者在裁剪框内单击鼠标右键，将弹出一个菜单，单击“裁剪”将裁剪位图，单击“取消”将去掉裁剪框。

6. 校正裁剪（ ）

校正裁剪后的图象 宽度 3.871 高度 7.143 单位 厘米

（1）单击该键，则可以校正裁剪位图。

（2）在位图上按住鼠标左键不放，移动鼠标，拉出裁剪框。

（3）按住鼠标，移动裁剪框周围的四个点，可以改变裁剪框的大小和形状。

（4）在裁剪框内双击鼠标左键可以校正裁剪位图，或者在裁剪框内单击鼠标右键，将弹出一个菜单，单击“裁剪”将校正裁剪位图，单击“取消”将去掉裁剪框。

7. 逆时针校正（ ）

（1）扫描后，如果发现图稍右偏则单击该按钮，位图即逆时针校正一个微小角度，再单击再校正，一直到位图变正为止。

（2）偏差太大时建议重新扫描。

8. 顺时针校正（ ）

（1）扫描后，如果发现图稍左偏则单击该按钮，位图即顺时针校正一个微小角度，再单击再校正，一直到位图变正为止。

（2）偏差太大时建议重新扫描。

9. 任意旋转校正（ ）

（1）单击该按钮，屏幕正中会出现一个十字光标图，按住鼠标移动十字左右横线上两个点可以旋转十字。

（2）在十字中间的圆内按住鼠标不放，可以移动该十字。

（3）根据位图需要旋转的角度，反方向旋转十字，位置确定后双击十字中间的圆内，就可以旋转位图。

10. 扭曲校正（ ）

（1）单击该按钮，屏幕正中会出现四分之一个十字，按住鼠标移动十字上的两个点可以改变水平和垂直方向的校正量。

（2）在十字中间的圆内按住鼠标不放，可以移动该十字。

（3）根据位图需要校正的偏移量，反方向移动十字的两根轴，位置确定后双击十字中间的圆内，可以校正位图。

11. 放入组版缓冲区（ ）

将当前位图放入组版缓冲区。

12. 取出组版缓冲区（ ）

将当前位图从组版缓冲区内取出。

13. 组版设置（ ）

（1）单击该按钮，将弹出组版参数设置对话框，如图 4-13 所示。这个对话框主要用于选择组版的位图以及它们之间的基本位置，最多可选择 16 个位图。

（2）单击对话框中的小框，再单击“载入”按钮，将弹出打开文件对话框，可以选择组版位图，或者双击小框也可以选择位图。

（3）单击已经选择位图的小框，再单击“删除”按钮，可以删除选择的位图。

（4）单击选中一个小框后，按住 Ctrl 键不放，再单击另一个小框，可以同时选中两个小框，这时可以通过单击“交换”按钮，交换这两个小框所包含位图的位置。

（5）位图都选择完全后，可以单击“返回”按钮来结束组版参数设置，也可以单击“组版”按钮，进入组版窗口。

（6）需要注意的是，组版的所有位图必须具有相同的色彩模式。

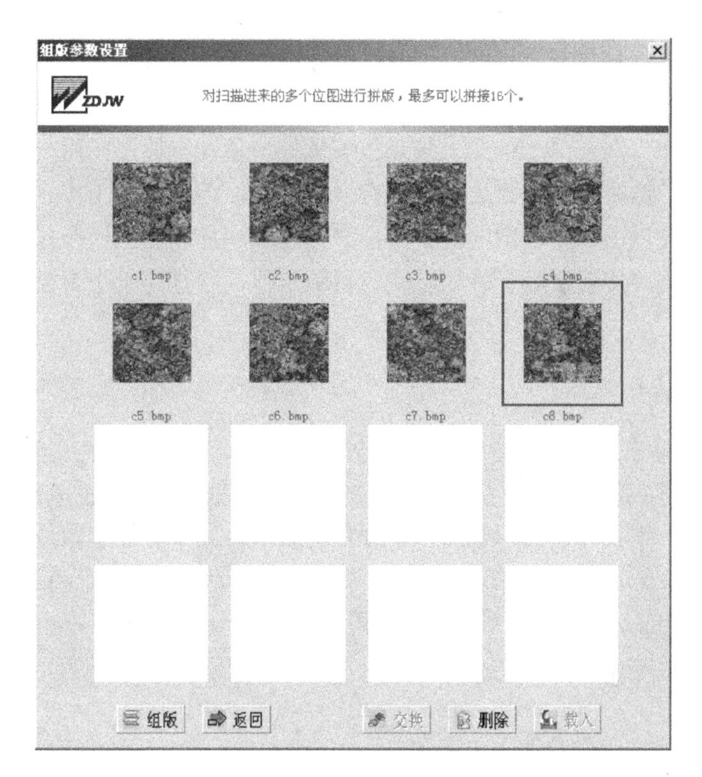

图 4-13 组版设置

14. 任意移动位图（）

（1）当前窗口是组版窗口时，这个按钮才起作用。
（2）单击该按钮，可以在每个位图上按住鼠标不放，左右上下任意移动位图。

15. 水平移动位图（）

（1）当前窗口是组版窗口时，这个按钮才起作用。
（2）单击该按钮，可以在每个位图上按住鼠标不放，水平移动位图。

16. 垂直移动位图（）

（1）当前窗口是组版窗口时，这个按钮才起作用。
（2）单击该按钮，可以在每个位图上按住鼠标不放，垂直移动位图。

17. 组版（）

（1）当前窗口是组版窗口时，这个按钮才起作用。
（2）单击该按钮将对组版窗口内的位图组版，并打开一个新的窗口，包含组完版的位图，而组版窗口还没有关闭。
（3）关闭组版窗口时，会询问是否清空组版缓冲区，可以选择是或否。

18. 旋转拼版（）

（1）当前窗口是组版窗口时，这个按钮才起作用。

（2）这个功能只能拼接两个位图，这两个位图在水平方向或垂直方向是连续的，并会有重叠和扭曲，拼接将会去掉这些重叠和扭曲，将两个位图无缝拼接。

（3）单击该按钮，在前一个位图上某点按下鼠标，移动鼠标，在后一个位图的相同内容的相同点放开鼠标，这时这两个点之间就会有一条连线，重复以上工作。如果对刚才的连线不满意，可以再重复以上工作，但同时会去掉一根连线，使界面上保持只有两根连线。确定连线位置后，再单击“旋转拼版”按钮，完成拼版工作，并打开一个新窗口，包含拼完版的位图。

19. 新建（ ）

（1）必须在位图分色后，才使用这个功能，这个功能将由位图生成意匠文件。

（2）单击该按钮，弹出意匠设置对话框。在这个对话框中，设置生成意匠文件的经线数、纬线数、织物经密、织物纬密、织机纬密、分色起始号。其中分色起始号指的是，位图生成意匠时分出的颜色在意匠调色板的起始位置。“增减”“缩放”“复制”在此时不起作用。

（3）单击对话框的“确定”按钮，将生成新的意匠文件。

20. 手工分色（ ）

（1）单击该按钮，可以开始手工取色。

（2）在位图的相应位置单击鼠标，则当前点的颜色将放入调色板，如果调色板中已经有该颜色，则不执行。

（3）在位图上按住鼠标不放，移动鼠标，再放开鼠标，则拉出的矩形框所包围的点的颜色经过平均运算得到的颜色加入调色板。

21. 自动分色（ ）

（1）单击该按钮，弹出自动分色对话框，如图 4-14 所示。

（2）在分色数一栏中，写入需要将位图分成的颜色数，再单击“确定”按钮，将得到相同颜色数的调色板。

图 4-14　分色

（三）绘图工具栏

1. 切换（ ）

各工具栏之间的切换。

2. 自由笔（ ）

纬向高 1　经向宽 1　缩小时变化　缩小后经线 300　缩小后纬线 150

（1）选色。

（2）在画图工具栏里，单击该按钮，进入该功能。

（3）在上方的辅助工具栏里选择使用选项，设置“纬向高”和“经向宽”可以改变画曲线的粗细。

（4）画线时，按左键确定起点，按住左键拖拽鼠标，所画的线就是鼠标的轨迹，结束画线时，放开左键即可。

（5）选中“缩小时变化”复选项，设置“缩小后经线”和“缩小后纬线”，则重设意匠缩放后原轮廓线有效。

注：在设置时缩小后经线（缩小后纬线数）必须是总的经线数（纬线数）的约数或倍数。

3. 勾轮廓（ ）

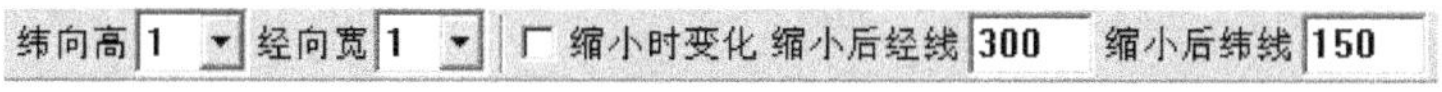

纬向高 1 经向宽 1 缩小时变化 缩小后经线 300 缩小后纬线 150

（1）选色。

（2）在画图工具栏里，单击该按钮，进入该功能。

（3）在上方的辅助工具栏里选择使用选项，设置“纬向高”和“经向宽”可以改变画曲线的粗细。

（4）每单击鼠标左键将会出现一个小方框，每三个方框就可连成一条线，结束画线时，按鼠标右键即可。

注：按住 Ctrl 键的同时，把光标移到方框上按住鼠标左键拖动可以调整轮廓线的位置。

（5）选中“缩小时变化”复选项，设置“缩小后经线”和“缩小后纬线”，则重设意匠缩放后原轮廓线有效。

注：在设置时缩小后经线（缩小后纬线数）必须是总的经线数（纬线数）的约数或倍数。

4. 画直线（ ）

纬向高 1 经向宽 1 同中心 经纬固定比例 1 : 1 画长线

（1）选色。

（2）在画图工具栏里，单击该按钮，进入该功能。

（3）在上方的辅助工具栏里选择使用选项，设置“纬向高”和“经向宽”可以改变画笔的粗细；选择“同中心”，画线是以第一次点下去的点为中心，向两个方向同时伸展；点中“经纬固定比例”复选项，再设置比例数，可以画固定方向的直线（前组合框为经，后为纬）；点中“画长线”复选项，画线时不必一直按着鼠标左键，只要在结束画线时，按下左键即可。

（4）画线时，点左键确定起始点（“同中心”时为中心点），按住左键拖拽鼠标至结束点，放开左键即可。

（5）画线时，按住 Ctrl 键，画线效果同点中“经纬固定比例”项，按住 Shift 键，画线效果同点中“同中心”。

5. 画矩形（ ）

纬向高 3 经向宽 4 填充 同中心 实物正方 经纬固定比例 1 : 1

（1）选色。

（2）在画图工具栏里，单击该按钮，进入该功能。

（3）在上方的辅助工具栏里选择使用选项，设置“纬向高”和“经向宽”可以改变画空心矩形的边线粗细；点中“填充”复选项，则画实心矩形，点中“同中心”复选项，画的矩形是第一次左键点击点为中心的矩形；点中“实物正方”复选项，画的矩形为实物状态下的正方形；点中“经纬固定比例”复选项，再设置比例数，画的矩形为长宽固定比例的矩形。

（4）画矩形时，点左键确定一个顶点（“同中心”时为中心点），按住左键拖拽鼠标至结束点，放开左键即可。

（5）画矩形时，按住 Ctrl 键，画矩形效果同点中“经纬固定比例”项，按住 Shift 键，画矩形效果同点中“同中心”。

6. 画椭圆（）

纬向高 1 经向宽 1 ☑ 填充 □ 同中心 □ 实物正圆 □ 经纬固定比例 1 : 1

（1）选色。

（2）在画图工具栏里，单击该按钮，进入该功能。

（3）在上方的辅助工具栏里选择使用选项，设置“纬向高”和“经向宽”可以改变画空心椭圆的边线粗细；点中“填充”复选项，则画实心椭圆，点中“同中心”复选项，画的椭圆是第一次左键点击点为中心的椭圆；点中“实物正圆”复选项，画的椭圆为实物状态下的正圆形；点中“经纬固定比例”复选项，再设置比例数，画的椭圆为长宽固定比例的椭圆。

（4）画椭圆时，点左键确定椭圆包围矩形的一个顶点（“同中心”时为中心点），按住左键拖拽鼠标至结束点，放开左键即可。

（5）画椭圆时，按住 Ctrl 键，画椭圆效果同点中“经纬固定比例”项，按住 Shift 键，画椭圆效果同点中“同中心”。

7. 画正多边形（）

纬向高 1 经向宽 4 边数 6 □ 填充 □ 特殊角度 □ 实物正多边形 □ 星形 星角 94

（1）选色。

（2）在画图工具栏里，单击该按钮，进入该功能。

（3）在上方的辅助工具栏里选择使用选项，设置“纬向高”和“经向宽”可以改变画空心正多边形的边线粗细；设置“边数”可以改变正多边形的边数；选中“填充”复选项，则画实心正多边形；选中“特殊角度”复选项，画的正多边形保持有一边（星形为相邻顶点的连线）为垂直或水平；选中“实物正多边形”复选项，画的正多边形为实物状态下的正多边形；选中“星形”复选项，再设置“星角”，画的是顶点为“边数”设定值的星形，每个顶点上的角度为星角设定值。

（4）画正多边形时，点左键确定正多边形的中心，按住左键拖拽鼠标至正多边形满足需要时，放开左键即可。

（5）画正多边形时，按住 Ctrl 键，画正多边形效果同点中“实物正多边形”项，按住 Shift 键，画正多边形效果同点中“特殊角度”。

8. 画任意多边形（）

纬向高 1 经向宽 1 □ 闭合 ☑ 填充

（1）选色。

（2）在画图工具栏里，单击该按钮，进入该功能。

（3）在上方的辅助工具栏里选择使用选项，设置“纬向高”和“经向宽”可以改变画空心多边形的边线粗细；点中“闭合”复选项，画多边形结束时，若未闭合，程序将自动将多边形闭合；点中“填充”复选项，画的多边形为实心多边形。

（4）画多边形时，点左键确定多边形起点，放开左键拖拽鼠标至下一个顶点，点击右键，放开，再拖拽鼠标至下一顶点，点击右键，如此反复，直至画出所有顶点，在最后一个顶点点左键结束多边形。

（5）若多边形画时未选“填充”，画完后想填充，在辅助工具栏点中“填充”即可。

9. 橡皮筋（ ）

纬向高 1　经向宽 3　闭合　填充

（1）选色。

（2）在画图工具栏里，单击该按钮，进入该功能。

（3）在上方的辅助工具栏里选择使用选项，设置“纬向高”和“经向宽”可以改变线条的粗细，选择是否“闭合”“填充”。

（4）用左键画二点成一直线，在直线上任一处拖拽鼠标可将直线变为曲线，可连续操作，若设置 “闭合”，点击右键即可。选中“填充”复选项，画曲线结束时，程序将自动闭合曲线，并将曲线内区域填充为前景色。

10. 画曲线（ ）

纬向高 1　经向宽 1　闭合　填充

（1）选色。

（2）在画图工具栏里，单击该按钮，进入该功能。

（3）在上方的辅助工具栏里选择使用选项，设置“纬向高”和“经向宽”可以改变画曲线的粗细；点中“闭合”复选项，画曲线结束时，若未闭合，程序将自动将曲线闭合；点中“填充”复选项，画曲线结束时，程序将自动闭合曲线，并将曲线填充为前景色。

（4）画曲线时，点击左键确定起点，再点击确定一锚点，在终点处按住左键拖拽鼠标，调整控制手柄的方向，确定后放开；再点左键确定下一锚点，按住左键拖拽鼠标，使曲线符合要求，确定后放开。按住 Alt 键，左键点击这个锚点，去掉半边控制手柄；重复上一步骤，直至勾出所要求的曲线；点右键结束曲线操作。

（5）画曲线中，鼠标移至除第一和最后的锚点外的任何锚点，左键点击可以去除此锚点；鼠标移至曲线除锚点外的任何处，左键点击，可以增加一个锚点；按住 Ctrl 键，在锚点上点左键并拖拽，可以移动这个锚点附近的曲线；调整控制手柄时，按住 Shift 键，可以将控制手柄限制在 45 度整数倍的方向里。

11. 喷枪（ ）

经向宽 20　纬向高 10　点数 20　经向浮长 1　纬向浮长 2

（1）选色。

（2）在画图工具栏里，单击该按钮，进入该功能。

（3）在上方的辅助工具栏里选择使用选项，设置“纬向高”和“经向宽”可以改变喷枪点的范围；“点数”是设定点的密度，“经向浮长”“纬向浮长”是设置允许连续的最大组织点。

（4）在意匠上左键连续点击就可。

12. 填充（）

○换色 ○表面填充 ◉边界填充 ○轮廓填充

（1）选色。

（2）在画图工具栏里，单击该按钮，进入该功能。

（3）在上方的辅助工具栏里选择使用选项，选中“换色”单选项，填充时将选区内与鼠标点击处颜色相同的所有颜色块，换为前景色；选中“表面填充”单选项，填充时将与鼠标点击处颜色相同的相连闭合区域变为前景色；选中“边界填充”单选项，填充时，先用右键点中边界颜色，再点空格键变为“保护”状态，再在需填充区域内单击左键，程序将以此为中心，将所有颜色换为前景色，直至遇到边界颜色停止；选中“轮廓填充”单选项，填充时和自由笔操作相似，左键单击确定轮廓起始点，不按任何键拖拽鼠标勾勒轮廓，点左键，程序将封闭轮廓，并用前景色填充轮廓内部。

（4）除轮廓填充外，其他填充时，在需要填充的区域上左键点击即可（有选区时，操作局限于选区内，无选区时，进行全范围操作）。

13. 降噪（去杂点）（）

相邻点数 32 ☑所有杂点

（1）在画图工具栏里，单击该按钮，进入该功能。

（2）在上方的辅助工具栏里选择使用选项，设定“相邻点数”来确定需要去除杂点的大小；点中“所有杂点”复选项，在降噪处理过程中将去除所有大小符合相邻点数的杂点，不论颜色。

（3）降噪处理时，左键点击需去除的杂色点（要处理的区域内）即可（有选区时，操作局限于选区内，无选区时，进行全范围操作）。

14. 包边（）

☑上边 ☑下边 ☑左边 ☑右边 ○向内 ◉向外 经向针数 2 纬向针数 2 ☐圆滑搭针

（1）选色。

（2）在上方的辅助工具栏里选择使用选项，点中“上边”“下边”“左边”“右边”复选项，包边时将对指定方向进行包边；点中“向内”“向外”单选项，包边时将按指定项进行处理；设定“经向针数”和“纬向针数”可以改变包边的宽度和高度；“圆滑搭针”复选项是为文字等包边而设的，选中时，包边将在角点处进行特殊处理，使过渡尽量圆滑。

（3）包边时，左键点击需包边的颜色块即可（有选区时，操作局限于选区内，无选区时，进行全范围操作）。

15. 勾边（）

经向针数 5 纬向针数 5 经向循环偏移 3 纬向循环偏移 2 ☑平纹 ◉单起 ○双起

在上方的辅助工具栏里选择使用选项，设定“经向针数”和“纬向针数”，可以改变勾边的宽度和高度；设定“经向循环偏移”和“纬向循环偏移”，可以改变勾边的起始位置；点中“平纹”复选项，设定“单起”或“双起”单选项，勾边将按平纹规律进行勾边。

16. 平移拷贝（）

○保持原状 ○左右翻转 ◉上下翻转 ○对角翻转 ☑留底 ☐接回头

(1) 在上方的辅助工具栏里选择使用选项，程序将按选择项决定拷贝时图像的翻转方向；点中“留底”复选项，平移拷贝后原选区图像不变，不选，拷贝后，原选区填充背景色；点中“接回头”复选项，拷贝时图像在意匠四边时自动接回头处理。

(2) 拷贝时，右键在选区内点击，放开，拖拽鼠标至要拷贝位置，左键点击，重复上一步骤，结束时右键点击（最后一拷贝位置）即可（无选区时，此按钮无效）。

17. 旋转（）

旋转中心 ○左上 ○右上 ○左下 ◉右下 ○中心 ☑实物旋转 间隔角度 70 旋转次数 1 旋转

(1) 在上方的辅助工具栏里选择使用选项，在“旋转中心”后的五个单选项中任选一个，决定旋转的中心点，五个选项分别代表选区的左上角、右上角、左下角、右下角和中心；点中“实物旋转”复选项，旋转后，保持旋转图像实物状态下不变形（经密和纬密要设置正确）；设置“间隔角度”（角度为正顺时针转，角度为负逆时针转）和“旋转次数”，再点中“旋转”，程序把选区图像按间隔角度旋转多次。

(2) 旋转时，在选区内点击，按住左键拖拽鼠标使图像旋转，至合适位置放开左键即可。

18. 翻转（）

经向针数 1 纬向针数 1 左右翻转 上下翻转 对角翻转

(1) 用左键框取范围后，单击该键，进入该功能，一般经向针数和纬向针数都为 1，直接点击“左右翻转”“上下翻转”或“对角翻转”，就可以直接翻转选区内的图案。

(2) 如设置了经向针数和纬向针数，则可以进行指定针数的成组翻转。

(3) 有选区时，操作局限于选区内，无选区时，进行全范围操作，选区为多边形时，此按钮无效。

19. 镜像（）

◉左右镜像 ○上下镜像

(1) 在上方的辅助工具栏里选择使用选项，设定“左右镜像”“上下镜像”单选项，确定镜像方向。

(2) 镜像时，左键点击需镜像的区域即可（有选区时，操作局限于选区内，无选区时，进行全范围操作，选区为多边形时，此按钮无效）。

20. 接回头（）

○上下固定 ○左右固定 ○上下任意 ○左右任意 ○四方接回头 ○上下跳接 ◉左右跳接 跳接循环 2

(1) 在上方的辅助工具栏里选择使用选项，点中“上下固定”单选项，接回头时将按上下中心线进行接回头；点中“左右固定”单选项，接回头时将按左右中心线进行接回头；点中“上下任意”单选项，接回头时将按点击点为上下分界线进行接回头；点中“左右任意”单选项，接回头时将按点击点为左右分界线进行接回头；点中“四方接回头”单选项，接回头时将左右上下分别接回头；点中“跳接”单选项，接回头时将按跳接顺序接回头。

（2）接回头时，左键点击需接回头的区域即可（有选区时，操作局限于选区内，无选区时，进行全范围操作，选区为多边形时，此按钮无效）。

21. 居中（）

左右居中 上下居中 留底

（1）用左键框取范围后，单击该键，进入该功能，点击“左右居中”或“上下居中”，就可直接把选区内的图案居中；选中“留底”复选项，居中时原选区内图案将保留，不选时，居中后原选区填充背景色。

（2）无选区或选区为多边形时，此按钮无效。

22. 平铺（）

左上角起点 当前点起点 自定义范围 左边 20 右边 160 上边 1 下边 200 参考组织 p2

（1）在上方的辅助工具栏里选择使用选项，点中“左上角起点”或“当前点起点”单选项，确定平铺起点；点中“自定义范围”复选项，平铺前要先设定好范围；点中“参考组织”复选项，再选定组织，平铺将按此组织规律平铺选区内图案。

（2）平铺时，左键点击需平铺的区域即可（无选区或选区为多边形时，此按钮无效）。

23. 连续拷贝（）

保持原状 左右翻转 上下翻转 对角翻转 经偏 30 纬偏 0 左边 3 右边 160 上边 1 下边 200 拷贝

（1）在上方的辅助工具栏里选择使用选项，程序将按选择项决定拷贝时图像的翻转方向。

（2）经偏、纬偏设置拷贝时图像的偏移；拷贝时，按小键盘上的数字键，决定拷贝的位置（此时 NumLock 键应按下），拷贝中可以更改拷贝的翻转方向，但对已拷贝的无效（无选区或选区为多边形时，此按钮无效）。

（3）如设置“左边”“右边”“上边”“下边”时，点中“拷贝”即可在指定范围内连续拷贝。

24. 顺序排列（）

数量 5 水平 垂直 切向 法向 直线 经向 100 纬向 100 圆弧 半径 100 起点 0 终点 300

（1）在上方的辅助工具栏里选择使用选项，设置“数量”将决定排列上的图像个数；选择“水平”“垂直”“切向”“法向”单选项，将决定排列时的图像方向；点中“直线”单选项，并设置“经向”和“纬向”，排列将按经纬向固定间隔数（“经向”和“纬向”的值）确定的直线排列；点中圆弧，并设置“半径”和“起点”“终点”，排列将按起点角度和终点角度及半径决定的圆弧排列。

（2）排列时，直线在起点处，圆弧在圆心处左键点击即可（无选区时，此按钮无效）。

25. 图案（）

使用图案号 1号图案

在画图工具栏里，单击该按钮，进入该功能。

26. 字体（A）

⊙系统 ○自定经向间距 0 纬向间距 0 ⊙左对齐 ○右对齐 ○居中 ☑字体旋转 曲线 半径 起点 终点 圆弧

（1）选色（文字颜色自动被设定为透明色）。

（2）在画图工具栏里，单击该按钮，进入该功能。

（四）工艺工具栏（工艺）

1. 切换（⇅）

各工具栏之间的切换。

2. 重设意匠（）

按下“重设意匠”按钮，会弹出“意匠设置”对话框（图 4-15）；改变“经线数”和“纬线数”会改变意匠的大小；改变“织物经密”和“织物纬密”，会改变各绘图工具的实物绘制状况（如实物正方，实物正圆等）；改变“分色起始号”和“织机纬密”，会改变投梭的停撬状态；点中单选“增减”时，只是增减经纬线；点中单选“缩放”时，将按比例缩放原图；点中单选项“复制”时，增加经纬线时将原意匠图外的图形也复制到重设后的意匠中。

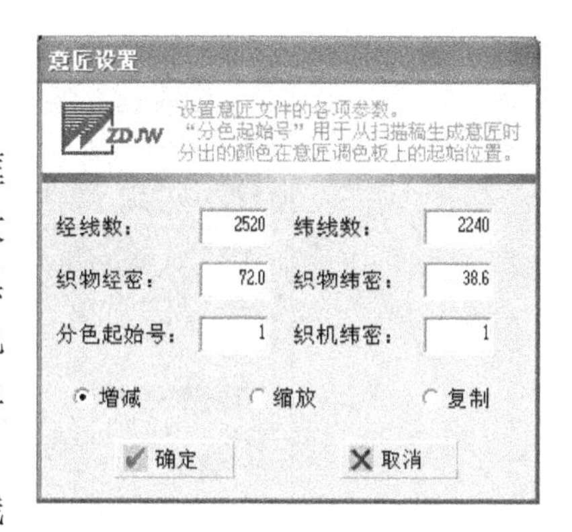

图 4-15 意匠设置

3. 经纬互换（）

顺时针旋转 逆时针旋转

单击“经纬互换”按钮，进入该功能后，直接点击“顺时针旋转”或“逆时针旋转”，就可直接进行经纬互换。

注：经纬互换时，经纬密也同时互换，这时如果要恢复互换操作，要重设意匠的经纬密；或直接与原来相反方向进行经纬互换。

4. 投梭（）

（1）在调色板上选择投梭颜色号。

（2）在上方的辅助工具栏里选择使用选项，设置“停撬起点”和“停撬终点”，“纬密”为织物纬密，点击“停撬”程序将在投第一梭时，自动添加停撬（与此相关的织机纬密要设置正确）可多次分段设置停撬；点中“花梭凑双”复选项，程序将自动为花梭进行凑双处理；点中“选色修改投梭信息”复选项，允许在调色板选择已投梭颜色修改投梭信息，否则，只能以每梭自身颜色修改自身投梭信息。

（3）选 0 号色在投梭区外，意匠任意处左键点击，将清空投梭信息；选其他 30 号以内的颜色在投梭区外，意匠任意处左键点击，将把点击点的颜色范围，添加到当前颜色号为梭号的投梭区内；在投梭区内，左键点击并拖拽鼠标，将增加投梭段，右键点击并拖拽鼠标，将减少投梭段。

（4）投梭结束时，再点此按钮，投梭被自动保存。

5. 设置辅助针（）

（1）点此按钮，将在意匠的右边出现两块区域，第一块是投梭针区域，第二块是选纬针区域，在这两块区域内画出投梭规律和选纬规律信息即可，结束时，再点此按钮，就可以保存信息。

（2）在选纬框内可做好投梭规律，则进入投梭时，在选纬框内任一处点击一下，就可按此投梭规律投好梭。

6. 配置（包括图案、字体、组织的新建和合成）（）

如图 4-16 所示。

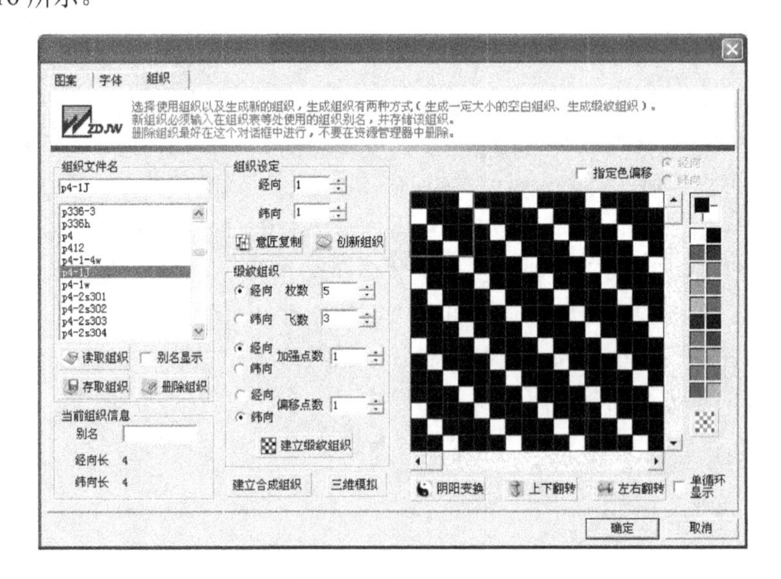

图 4-16 组织配置

（1）对话框左边的列表显示所有的组织文件，正常显示的是组织的文件名，如果选中下面“别名显示”，则列表中显示的是组织的别名。

（2）在列表框中单击某文件（或者在“组织文件名”中输入文件名，再单击“读取组织”按钮）将读取该组织。单击“存取组织”按钮，将保存“组织文件名”一栏显示的组织文件，单击“删除组织”按钮，将删除该组织。

（3）“当前组织信息”一栏显示的是当前选中组织的别名和组织的经向长和纬向长。

（4）“组织设定”一栏中，输入经向和纬向的大小，然后单击“创新组织”按钮，将创建设定大小的空白组织，手工设置经点。单击“意匠复制”按钮，将根据从意匠文件中拷贝到剪贴板内容的大小创建新组织，并把该内容复制过来（注意底色纬点必须是 1 号色）。

（5）“缎纹组织”一栏用于生成缎纹组织。输入“枚数”和“飞数”以及飞数的经纬向，再输入“加强点数”及其经纬向，单击“建立缎纹组织”按钮将自动生成缎纹组织。

（6）对话框右边显示的为当前显示组织的内容。在最右边的调色板上单击，可以选择当前画笔颜色，背景色缺省为白色。在组织绘图区单击鼠标左键可以绘图，如果当前点为白色，则单击将画上当前画笔颜色，如果当前点不是白色，单击将画上白色。当鼠标移动到某点时，绘图区上方将显示该点的经向和纬向数，以及该点的颜色号。

（7）单击“阴阳变换”按钮，将把组织中经点变成纬点、纬点变成经点。单击“上下翻转”按钮，将把组织按照纬向循环大小，把各纬上下翻转。单击“左右翻转”，将把组织按照经向循环大小，把各经左右翻转。

（8）单击“建立合成组织”，将弹出“组织合成”对话框。

7. 铺组织（）

（1）选色。

（2）在上方的辅助工具栏里选择使用选项，设置“经向内”和“纬向内”，将改变铺组织时的缩进宽度和高度；设置“经向浮长”和“纬向浮长”，铺组织时此参数范围内将不会铺上组织点；选择“起点”后五个单选项中任意一个，将改变铺组织的起点；设置“参考组织”，可以改变铺组织时所用的组织。

（3）铺组织时，在要铺组织的颜色（指定区域内）上左键单击即可（有选区时，操作局限于选区内，无选区时，进行全范围操作）。

8. 间丝（）

○单起 ◉双起 ○随意间丝 ○画点 ◉画线 排笔距 2

（1）选色。

（2）在上方的辅助工具栏里选择使用选项，点中“单起”或“双起” 单选项，确定平纹种类；点中“随意间丝”“画点”或“画线”单选项，确定间丝的类型，设定排笔距，将改变间丝点间的间距。

（3）间丝时，左键在起始点点击，按住左键拖拽鼠标；画点时，间丝点将随鼠标轨迹铺设，画线时，间丝点将分布在起始点和结束点的连线上，结束时放开左键即可。

9. 影光（）

参考组织 p8 经向宽 40 纬向高 40 ○经加强 ◉纬加强 加强点数 3

（1）选色。

（2）在上方的辅助工具栏里选择使用选项，设置“参考组织”将改变影光基本组织；设置“经向宽”和“纬向高”，将改变影光的范围；点中“经加强”或“纬加强”，可以使影光得到加强组织；设置“加强点数”将改变影光的加强组织。

（3）画影光时，在起始点处左键点击，按住鼠标左键拖拽，至结束点处放开鼠标即可。

10. 泥地（）

（1）选色。

（2）点击“颗粒泥地”“冰片泥地”或“震碎泥地”。

（3）设置好所用泥地对话框中的各选项。

（4）以上设置完成，可先预览泥地的效果，再点“确定”即可。

11. 组织配置表和组织表（▦）

（1）组织配置表如图 4-17 所示。

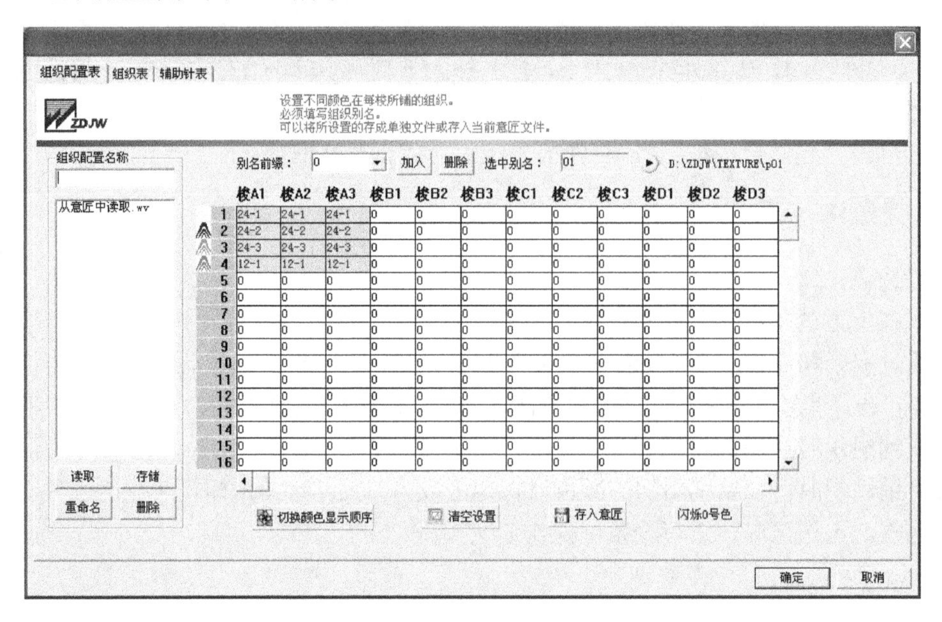

图 4-17　组织配置表

① 对话框弹出时缺省读取当前意匠文件的组织配置表。

② 配置表的纵向为所有的颜色号（除了 0 号色），如果意匠中使用了某颜色，在该颜色前将增加一个颜色标记；横向为梭数，在每个对应框中填入对应颜色在对应梭数中所使用的组织文件名或组织别名，在右下角显示的为当前对应的组织图。

③ 单击“切换颜色显示顺序”按钮，将把所有使用的颜色显示在最前面，再单击该按钮，则按正常顺序显示。单击“清空设置”按钮，将把所有填写的组织清除为全沉组织。单击“存入意匠”，将把设置的存入当前意匠文件。在颜色号数处双击，则对应的颜色在意匠图上闪烁显示。单击“闪烁 0 号色”，将会在意匠上将 0 号色闪烁显示。

④ 对话框左边的列表显示了所有的组织配置表文件，单击列表中某一文件（或者在“组织配置名称”一栏中输入组织配置表文件名，然后单击“读配置表”按钮），将读取该组织配置表内容显示在右边。单击“存配置表”按钮，将把设置的内容存入“组织配置名称”一栏中显示的组织配置表文件中。

（2）组织表如表 4-18 所示。

① 点击“组织表”对话框时，缺省读取当前意匠文件的组织表。

② 组织表中包括了 1～254 号颜色，意匠中使用过的颜色前面都增加了一个颜色标记。各颜色对应框内填入此颜色需铺组织的组织文件名或组织别名。

③ 单击“清空设置”按钮，将把所有填写的组织清除为全沉组织。单击“存入意匠”，将把设置的内容存入当前意匠文件中。

④ 在各颜色块上铺组织时，还需要考虑组织起点问题，在此处还可以设置这个起点（有左上角、左下角、右上角、右下角四种情况）。

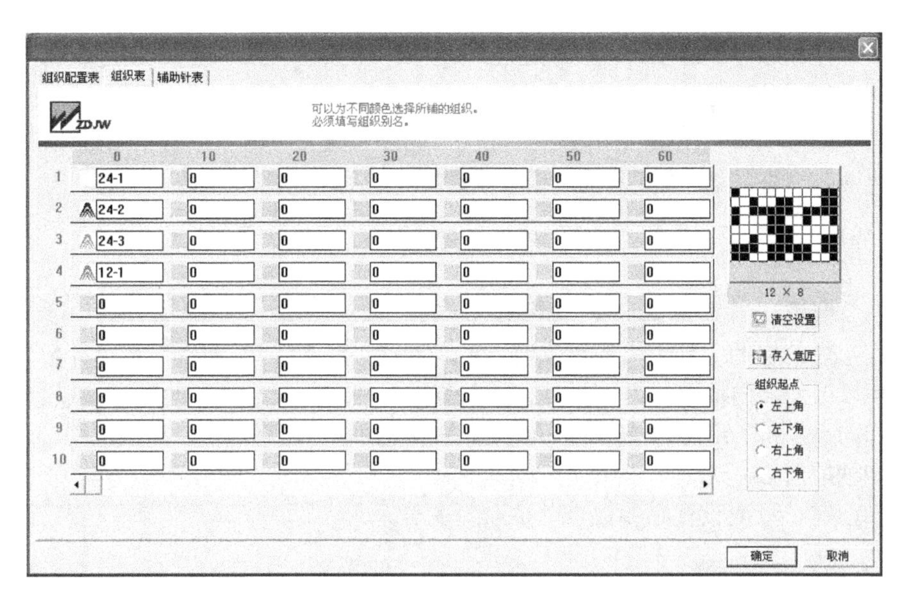

图 4-18　组织表

12. 显示组织（ ）

单击此按钮，程序将根据组织表内的设置，将组织以特定颜色 255 号色显示在意匠图上（255 号色可在特殊调色板上改变颜色），而组织点实际上没有铺上去，只是显示看看。

13. 背景组织（ ）

单击此按钮，选择所需的组织文件名，单击“确定”后，即可把背景组织在意匠图上显示出来。如要退出，再单击此按钮即可。

14. 显示浮长（ ）

经向浮长 纬向浮长 最小长度 1 最大长度 20 换色

（1）在上方的辅助工具栏里选择使用选项，选择“经向浮长”或“纬向浮长”，可以改变显示浮长方向；设置“最小长度”和“最大长度”，可以改变显示浮长的范围。

（2）显示浮长时，左键单击要显示浮长的颜色即可。选择没用过的颜色，点“换色”便可进行修改浮长。

15. 高亮显示（ ）

（1）选色。

（2）在调色板上选择显示高亮反衬的底色背景色，在右下角特殊调色板中设置高亮色。

（3）点此按钮，即可以高亮显示指定前景色。

16. 增减经纬线（ ）

变经线 变纬线 变经纬 添加 删除 经起 229 经向宽 129 纬起 405 纬向高 56

（1）框取范围后，点击“变经线”“变纬线”或“变经纬”，就可增减框定的经纬线；点中“添加”或“删除”单选项，可以确定是增是减；“经起”“经向宽”“纬起”“纬向高”可数字设定增减区域的参数。

（2）增减经纬线时，左键点击并按住拖拽，框定要改变的范围，放开左键即设定好增减的参数，再点击“变经线”“变纬线”或“变经纬”就可。

17. 抽取（ ）

经起 经向宽 针数 0 间距 0 起点 1 纬起 纬向高 针数 0 间距 0 起点 1 抽取

（1）在上方的辅助工具栏里选择使用选项，设置“经起”“经向宽”和“针数”“间距”“起点”，可以改变经向抽取的循环起点、抽取范围、抽取针数、抽取间距和抽取起点；设置“纬起”“纬向高”和“针数”“起点”，可以改变纬向抽取的循环起点、抽取范围、抽取针数、抽取间距和抽取起点。

（2）抽取时，只要设置好参数点“抽取”就可。

18. 毛巾加针（ ）

经向间隔 1 每组增加经线数 1 经起 经向宽 添加

（1）在上方的辅助工具栏里选择使用选项，设置“经向间隔”，可以改变加针的间隔；设置“每组增加经线数”，可以改变加针的数量；“经起”“经向宽”可以设定要加针的起点和范围。

（2）加针时，设定好各参数，点“添加”就可。

19. 毛圈校正（ ）

左上 左下 右上 右下 正毛圈起 反毛圈起 单针校正 双针校正

（1）在上方的辅助工具栏里选择使用选项，如上所示为：左上方组织为反起毛圈。

（2）单击“单针校正”或“双针校正”即可 。

（五）纹板工具栏（纹板）

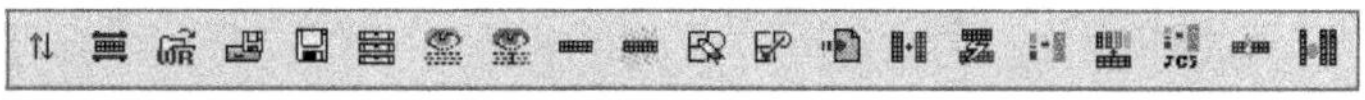

1. 切换（ ）

各工具栏之间的切换。

2. 生成纹板（ ）

（1）单击该按钮，弹出纹板生成对话框，如图4-19所示。

（2）意匠文件为当前意匠文件，选择合适的样卡文件、配置表信息、投梭信息、生成的纹板目录和文件名。如果要用组织表信息，还可复选使用组织表。对于配置表信息、投梭信息既可以选择从意匠文件中读取，也可以选择合适的文件来读取。纹板数和梭数是自动显示的，也可根据特定用途复选“意匠经向一扩二”和“改变投梭顺序”复选框。

（3）参数都设置完成后，单击“生成纹板”按钮就可以从选择的意匠文件生成纹板文件。在生成纹板过程中，单击“中断生成纹板”按钮可以中断生成纹板的过程。单击“关闭”按钮可以关闭该对话框。

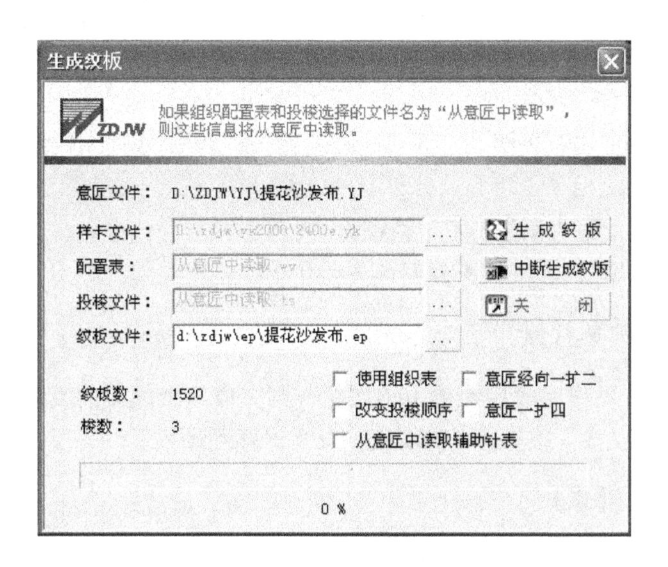

图 4-19　生成纹板

3. 打开纹板（）

4. 保存（）

单击该按钮，可以保存当前纹板文件或意匠文件。

5. 检查纹板（）

（1）选择电子纹板样卡生成的是电子纹板，选单块纹板样卡生成的是单块纹板。
（2）单击该按钮，即出现当前意匠文件对应的电子纹板或单块纹板，可移动滚动条翻看。
（3）单击屏幕右上角“×”即可关闭检查纹板对话框。

6. 按 EP 方式检查纹板（）

（1）单击该按钮，则对于单块纹板也以电子纹板方式显示
（2）对于电子纹板，则和“检查纹板”按钮情况相同。

7. 检查纹针（）

单击该按钮，则取出单块纹板或电子纹板的纹针部分，以电子纹板的方式显示。

8. 分梭纹板检查（）

（1）生成 EP 纹板后，如果要分梭检查时，单击该按钮，弹出分梭检查对话框。
（2）选择需显示第几梭，单击“确定”，屏幕显示的即为第几梭的 EP 纹板。

9. 加底梭（）

（1）分梭纹板检查花梭时，单击该按钮，即把底梭组织以小黑点的形式铺上，以便查看花梭和底梭组织的配合情况。
（2）再单击该按钮，即退出该功能。

10. 修改纹板（）

（1）EP 生成后，单击该按钮，可同修改意匠图一样对 EP 进行修改，只需修改一个循环图形。

（2）单击屏幕右上角“×”关闭对话框。

注：在修改一个 EP 的同时，不要修改另一个 EP

11. 纹板重设确认（）

（1）“修改纹板”操作完成后，单击该按钮，则完成几个图案的复制。

（2）单击“存储纹板”按钮，将修改好的 EP 保存到硬盘。

12. 样卡设置（）

（1）单击该按钮，弹出样卡设置对话框，如图 4-20 所示。

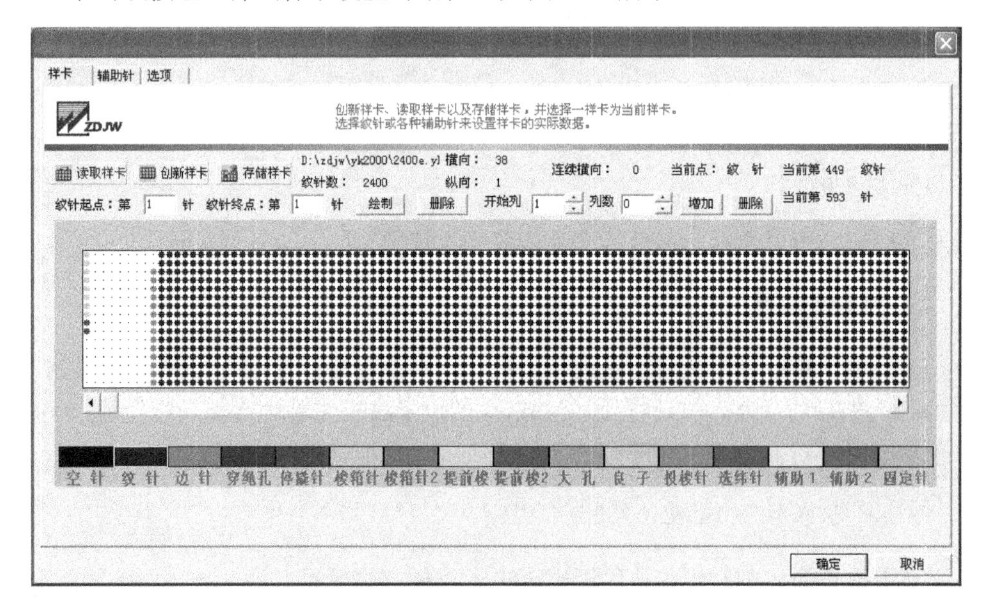

图 4-20 样卡设置

（2）第一部分为设置样卡的实际数据。单击“读取样卡”按钮，选择符合机台装造的已存在 c:\zdjw\yk2000 目录下的样卡；单击“创新样卡”可创建新样卡，输入相应的样卡宽度、高度，单击“确定”，即会出现一张空白样卡，根据机台实际情况，单击各类型针对应的色块，就可以在样卡数据区画上纹针、梭箱针、停撬针、边针.……，若有画错可用空针修改；单击“存储样卡”，将做好的新样卡取一个文件名“*.yk”，保存在 c:\zdjw\yk2000 目录下。

（3）第二部分为设置辅助针在各梭所采用的组织。单击“辅助针”，出现一张表格，将在组织库里做好的各种辅助针组织，用组织文件名或组织别名输入，输完点“确定”即可。

（六）其他工具栏织物模拟功能

单击 “其他工具栏”，打开，输入相应的参数和信息：在左上方输入经纬线组数、装造类型、多造后，还需输入经纱排列顺序、纬纱密度（根/cm 或根/英寸，1 英寸=2.54cm）；

在左下方输入织物模拟结果的品质参数、工艺类型；在右上方输入经纬线颜色数、粗细，选定纱线种类。下方的扦经表、道具表在需要时才在前面打钩，如图 4-21 所示。

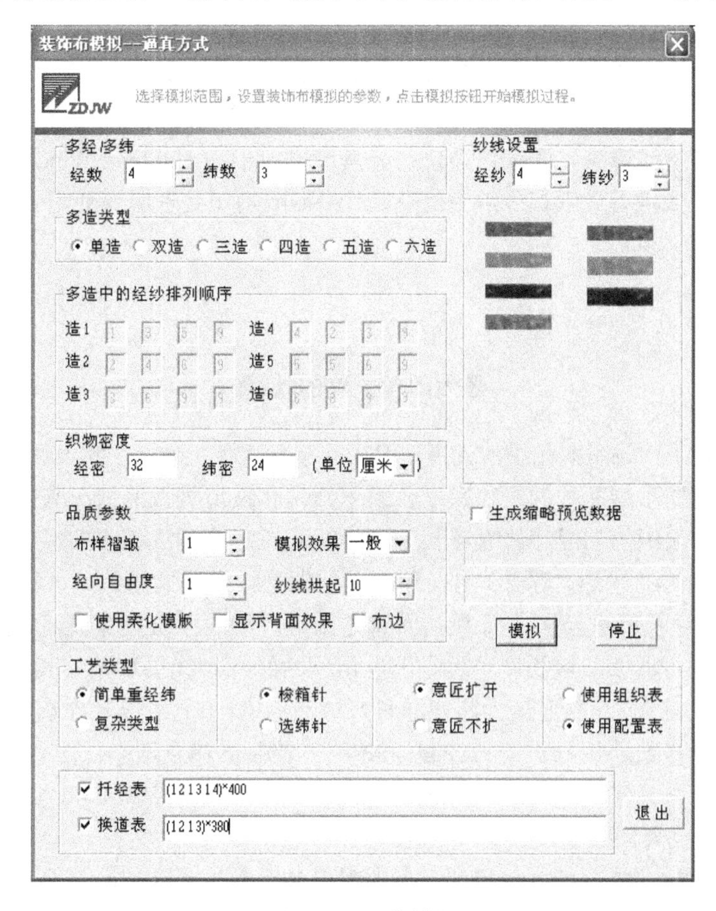

图 4-21 织物模拟

表达式规则如下，有效字符为“数字”“（）”“{}”“[]”和“*”，表达式单元用空格或者逗号“，”隔开，紧跟着“*”号的数字（循环数）可以是多位，其余数字为 1 位，也就是说纱线颜色数不得超过 10，表达式支持无穷嵌套。

合法的表达式如：（1 2 3*3）*200　1*2　((3 4 6）*2 7）　*200。

非法的表达式如：（1 3 12）*200　　（3 3 *200）。

（1）缩略预览图　选中“生成缩略图预览数据”复选框，可以为当前模拟对的效果图生成一个全息影像，在该缩略图上配色的速度大大快于重新模拟。配色完毕后点击确定即可配色信息，重新模拟原图即可以得到配色后的效果。配色过程在首次模拟完成后或者在模拟效果图上右键点击菜单中的“配色”按钮可以调用。

（2）纱线库　在右上方输入经纬线颜色数值，在经纬纱线上单击左键会弹出如图所示的“纱线库”对话框，在这里可直接选用已存的纱线种类。纱线的细度（直径）：细度单位有旦尼尔、公制支数、特克斯、英制支数，点击可自动换算。捻度：拖动滚条，往左捻度大，往右捻度小。捻向可选择顺（S）捻、逆（Z）捻。毛羽强度：选择范围 0～9 级。纱线膨胀率：选择范围 1.0~6.5。使用纱线颜色库：选择该复选框，在背景色、纱线色上单击左键会出现纱线颜色库。在此可查找已存的纱线颜色，如果新建则左键单击“自定义”，会出现调色板，可根据需要进行调整。

（3）创建纱线　点“创建纱线”按钮将出现如图所示的“创建纱线”操作窗口。

操作步骤如下：扫描——自动提取纱线/手动提取纱线——扩大选取和减小选取，提取合适的纱线边界——利用缩放、水平校正、90°旋转功能编辑纱线——保存——退出。

注意：为保证纱线质量，要求扫描仪的分辨率不得小于300dpi。Windows自带的绘图程序打开过的位图文件将丢失原有分辨率信息，对扫描图的预处理应该使用photoshop。纱线选好后退出“纱线库”窗口。

【知识拓展】

最大间丝长度的计算

经、纬纱线的浮长与图案花纹的光泽、织物的牢度有关，进行意匠设计时必须两者兼顾，实际操作中需要根据不同品种的经纬密度、组织结构和装造类型等情况来确定经纬纱线的最大浮长（一般服用纹织物的经纬最大浮长为2～3mm；装饰类纹织物的经纬最大浮长为3～4mm；被面纹织物的经纬最大浮长为4～5mm；丝绸类纹织物的经纬最大浮长为3mm左右；棉织物、毛织物的浮长可适当加大）。然后将选定的最大纱线浮长换算成间丝点在意匠图上相距的纵、横格数，而最大间丝长度也就是间丝组织的经纬纱线循环数。其计算方法如下：

间丝点最大纵格数=织物上最大纬线浮长×成品经密/（把吊数×分造数）

间丝点最大横格数＝织物上最大经线浮长×成品纬密/纬重数

例：某单层丝织花富纺织物，采用单造单把吊装造，成品经密为46根/cm，成品纬密为25根/cm，试计算最大间丝长度。

由于单层纹织物一般采用平切间丝，考虑到间丝需要兼顾纵横向，因而必须同时计算间丝点最大的纵格数和横格数。

间丝点最大纵格数 = 0.3×46 = 13.8（格）

间丝点最大横格数 = 0.3×25 = 7.5（格）

最大间丝长度应取小值（取7.5格）

该单层提花织物最亮的花纹间丝组织为8枚，较暗的花纹间丝组织可小于8枚。

间丝注意事项如下。

（1）单层提花织物的间丝应该纵横兼顾，经纬浮长都要考虑。重经织物中的经花间丝时只需考虑经浮长。重纬织物中的纬花间丝时只需考虑纬浮长。

（2）当所织织物是里组织为平纹的重经或重纬织物时，在间丝时要配合平纹组织，以防止平纹露底。一般来说经间丝应该逢单点单或逢双点双；纬间丝应该逢单点双或逢双点单。

（3）自由间丝和花切间丝在意匠图中要全部点出，平切间丝可以省略。

（4）为保证花形饱满、轮廓清晰，在花纹轮廓的边缘，间丝点一般采取抛边处理，即不点足（抛边宽度不宜超过3格，单层纹织物必须纵横兼顾）。

（5）纱线浮长与花纹光泽、织物牢度有关，必须两者兼顾。在纹织物上经、纬纱的最大浮长一般为3mm左右。根据品种的经纬密度、组织结构和装造情况，将最大浮长换算成间丝点在意匠图上相距的纵、横格数。

【技能训练】

1．整理意匠图绘制的资料，总结各个步骤的绘制技巧。

2．搜集床上用品、窗帘、沙发、毛巾等大提花实物样或彩色图片，分析织物纹样意匠图绘制的方法，并简述各个步骤。

3．以图 2-13 花卉题材的纹样进行仿样设计的纹样，根据纹样大小、经纬密等，在纹织 CAD 软件中进行意匠图的绘制，要求详细记录各个步骤的要点。

4．以图 2-14 牡丹花为题材，以散点排列形式创新设计的四方连续纹样，根据纹样的大小、经纬密、经纬纱线密度等，在纹织 CAD 软件中进行意匠图的绘制，记录步骤并总结遇到的问题。

项目五　提花床品、台布分析与设计

【任务目标】

（1）通过对床品面料、台布织物样品的观察和接触，增加对织物的感性认识，了解典型织物的特征和分类，学会分类与辨析。

（2）能够借助织物分析工具，熟练、正确地分析各类床品、台布织物。

（3）能够按要求填写织物分析报告。

（4）能够在有一定感性认识的基础上，利用 CAD 软件设计床品、台布类织物的花型并进行工艺处理；掌握工艺计算的方法；了解织物生产工艺流程以及工艺参数。

【知识准备】

（1）通过市场调研，观察、认识实物面料，取得床品、台布的感性认识。

（2）能够借助织物分析工具，熟练、正确地分析床品、台布的组织结构、规格等。

（3）对观察的织物进行分类，归纳特点，能够按要求填写织物分析报告。

（4）熟悉纹织 CAD 软件的应用。

【任务实施】

任务一　认知提花床品、台布

提花床品和台布都属于棉型提花织物，主要用于美化室内环境。织物花、地组织的浮长线都不宜太长，多采用 4 枚、5 枚和 8 枚组织，以保证织物结构紧密、细致。提花床品和台布一般是单层纹织物，组织结构比较简单。花型有散花、独花、条格花。

一、认识提花床品

（一）提花床品的分类

床上用品根据功能性和用途划分，有床单、被褥、巾毯、床、罩、枕套六大类，每一类又有许多不同的品种。根据实际使用情况，有双人、单人之分。床单被套按花色品种分，有素色、染色、条格色织、印花、大提花五大类。

（二）提花床品的原料

床单被套等套件以纯棉、天丝、莫代尔、竹纤维为主，也可选用蚕丝、涤/棉纱线、黏纤及其他合成纤维。为了提高织物的牢度，也有一些涤/棉混纺织物，质地较为厚实。

（三）提花床品的色彩与图案

高支、高密、特阔大提花装饰织物具有新潮和现代感。提花床品一般选用花卉题材的纹样，有大花、小花、变形花、条格花，也有几何形的纹样，格调优雅清新，恬静柔和。儿童床品的纹样则多为卡通形式的花草树木、奇妙幻境小动物、小矮人……形成童趣天真、活泼迷人的气氛。床单在使用时，常以相同的花色枕套、靠垫与之相配，三者在纹样、色彩上的同一性，构成了床上用品整体风格上的协调一致，别具装饰美感。

二、认识提花台布

台布的品种规格很多，形状有正方形、长方形和圆形。具体尺寸根据实际需要确定。所用原料有纯棉纱线、涤/棉混纺纱线、黏纤丝、涤纶丝和锦纶丝等。近年来，随着我国经济的不断发展，为宾馆以及家庭等生产的配套产品需求量不断增加，使这类产品具有较大的市场。

目前在旅馆、餐厅和一般家庭中，台布的使用已经很普遍。这类织物是家具覆盖织物的一个大类，常见的有印花与色织台布、大提花台布、非织造台布、工艺台布、织锦台毯等。

大提花台布是台布中的精品，属于高档的餐厨纺织装饰配套产品，正规台布采用贡缎结构的大提花，在使用时，一般都需配上相应的餐巾。此类台布具有质地坚牢、色调素雅大方、花型立体感强、吸水性能好的特点。它广泛用于高级宾馆、饭店、飞机、火车、家庭餐桌的铺垫。这类台布一般以全棉为原料，此外还有涤 / 棉、棉 / 黏胶丝、涤 / 黏胶丝等交织，一般采用经缎组织作花，或斜纹作地平纹组织，还需经丝光整理，使台布具有光泽好、缩水小的特性，织物面料呈现高档水平。

提花台布的花型，以中型、大型花卉和花叶或抽象几何图案为主，有散花和独花两种。提花台布对色谱要求非常讲究，要根据各地区风俗习惯、餐厅环境和人们的喜爱而选用。

三、认识大提花床品、台布组织

（一）单层提花织物组织特点

大提花床品、台布通常采用单层组织。单层提花织物组织是提花织物里结构最简单的一类，它由一组经和一组纬相互交织而成，相邻的各根经线（或纬线）都平行排列，没有重叠现象。经纬线既组成地纹又组成花纹。纹样图案都是由两种或两种以上的不同组织构成。依其地组织不同，可以把单层提花织物分为平纹地、斜纹地、缎纹地及特别组织地四种类型。

单层提花织物的组织结构特点是：织物的正反面互为效应，即织物正面显示经面效应时，其反面必呈现纬面效应，反之亦然。单层提花织物由一组经纱和一组纬纱交织而成，织纹色彩变化单一，但织物经纬向紧度均匀，布面平整，光泽柔和，是结构最简单的提花装饰织物产品。组织配置分为花地两组，常采用正反配置，地组织以平纹、斜纹、缎纹为主，花组织以不同浮长的组织通过反衬地组织来表现织纹效果，花地组织数在 10 种以下，织物正反面组织呈经纬互补效应。

（二）单层提花织物设计要点

单层提花织物的设计应考虑以下的因素：当构成纹样的不同组织在结构上相差太大时，

会产生织缩不一和紧度差异，增加织造难度，严重时会影响织物外观。所以在纹样的选择上要散点排列，力求布局均匀。单层提花织物在采用正反 4 枚、正反 5 枚、正反 8 枚等组织时，纹样排列较为自由。另外，在组织浮长的确定上，必须经纬兼顾，特别是在自由间丝点绘时，要掌握正反面浮长都不能过大的原则。

色织单层提花织物的经纬纱颜色可以相同，也可以不同。当经纬纱采用不同颜色时，经花和纬花会呈现两种色彩，但是平纹处则成为经纬混色，会产生闪色效应。对于某些彩条花纹的织物，经纬纱也可形成彩条排列。

单层提花织物的经纬原料可以相同，也可以不同。当原料不同时，应选用优质原料作经纱并显示织物的主要效应。

（三）单层提花织物装造与意匠特点

在单层织物意匠图上，每一个纵格代表一根纹针控制下的经纱，每一个横格代表一根纬纱的运动。单层提花织物一般都采用普通装造制织。但在纹针数不够时，传统提花机常采用单造多把吊装造，这时要首先考察多把吊的纹针与棒刀是否能配合，因为不是所有的组织都能在多把吊上织出；电子提花机没有多把吊，所以要选用纹针数较大的提花机才能织制。

任务二　提花床品、台布实物分析

面料分析是进行纺织产品设计、生产加工的第一步。根据 FZ/T 01090—2008、FZ/T 01091—2008、FZ/T 01092—2008、FZ/T 01093—2008、FZ/T 01094—2008 等相关织物分析标准，借助调温调湿箱、扭力天平、分析针、Y511 型织物密度镜、织物分析镜、剪刀等试验仪器及工具，分析机织物的各项技术规格参数，是纺织面料设计师的一项基本能力和素质。面料分析、设计人员应该本着服务第一的理念，科学、快速、认真、准确地分析来样，客观、诚实地记录分析结果。

一、取样

为了使测得的数据具有准确性和代表性，取样位置一般规定，从整匹织物中取样时，样品到布边的距离不小于 5cm，离两端的距离，棉织物为 1.5～3m，毛织物不小于 3m，丝织物为 3.5～5m。此外，样品不应带有显著的疵点，并力求其处于原有的自然状态，以保证分析结果的准确性。

取样面积大小应随织物种类、组织结构而异。由于织物分析是项消耗试验，应本着节约的原则，在保证分析资料正确的前提下，力求减小试样的大小。对于大提花织物，因其经纬纱循环数很大，一般分析部分具有代表性的组织结构即可。因此，一般取为 20cm×20 cm 或 25cm×25 cm。

针对织物来样，还要辨识其是坯布样还是成品样。坯布样的分析与成品样的分析略有不同，应区别对待。为生产加工的需要，织物设计是按照坯布样的分析结果进行的，若是成品样，通常需将成品样的分析数据转换为坯布结构数据，以服务织物设计与组织加工生产。

二、确定织物的正反面

判定完坯布样或者成品样后，需要确定织物的正反面。从以上所述的鉴别技巧可以看出，多数织物的正、反面有明显的区别，确定正、反面总是以外观效应好的一面作为织物的正面。

大提花织物正反面鉴别的方法一般有如下几种。

（1）大提花织物纹路突出和饱满的为正面，织物纹路不清的为反面。

（2）大提花织物地纹显经面组织的通常为正面，织物地纹显纬面组织的通常为反面（领带织物属于小批量产品，为了达到底纹颜色多变的目的，织物地纹正面一般使用显纬面组织）。

（3）大提花织物纹理整洁、花纹轮廓颜色清楚、色泽清晰美观的一面为正面，织物纹理粗糙、花纹轮廓颜色模糊的一面为反面。

（4）双层、多层及多重织物，若表、里组织的原料、密度、结构不同时，一般正面纱线的原料好、结构紧密、外观效应较好；而里组织的原料较差、密度较小。如正反面的经纬密度不同时，则具有较大的密度的一般为正面。

（5）毛巾类织物一般以毛圈密度大的一面为正面。

（6）一些特殊组织的特殊效应可帮助确定正反面。像凸条及凹凸织物，正面紧密细致具有明显的纵、横条纹或凹凸花纹，反面有横向或纵向浮长线衬托。再如纱罗织物，正面孔眼清晰、平整，纹经突出，反面外观粗糙。

练一练 提花床单、台布正反面分析

样品1为床品面料，样品2为台布。

观察样品1：一面较为细洁，疵点少；织物纹路突出和饱满，表面显现经面纹路。而另一面地部平坦，不突出，织物纹理粗糙、花纹轮廓颜色模糊。故判定细洁的一面为织物的正面，见图5-1。

（a） 样品1正面效果

（b）样品1反面效果

图5-1 提花床品正反面分析

观察样品2，该台布正反面花纹极其类似，很难区分。由于台布类织物一般以经面缎纹类组织做地部，所以判断地部表现为经面组织、花部表现为纬面组织的那一面为正面（通过纱线粗细可同时判别经纱细的方向为经向），见图5-2。

（a）提花台布正面（地部经面组织，花部纬面组织）

（b）提花台布反面（地部纬面组织，花部经面组织）

图 5-2　提花台布正反面分析

三、确定织物的经纬向

确定织物的正反面后，须确定织物的经纬方向，以便进一步确定经纬纱密度、经纬纱线密数和织物中经纬纱交织规律等。

经纬方向鉴别的方法一般有如下几种。

（1）当样品有布边时，则与布边平行的纱线为经向，与布边垂直的纱线为纬向。

（2）从大提花织物图案看，一般植物生长的方向为经向。但窗帘面料往往以窗帘长度作为织造时的门幅，织物幅宽方向是成品悬挂时的长度方向，用户可根据窗帘的宽度自由裁剪所需的面料的长度，方便灵活，因此横织窗帘面料的花纹方向往往为纬向。

（3）一般大提花织物遵循经细纬粗、经密纬疏的原则。

（4）坯布样含有浆料的纱为经纱，一般手感较粗硬；另一方向为纬纱，手感较柔软。

（5）伸缩性面料，一般经向伸缩性小，纬向伸缩性大。

（6）一般织物的经密大于纬密，所以通常密度较大的纱线为经纱，反之为纬纱。若为双层组织，则表层组织密度大的为经向，表层组织密度小的为纬向。

（7）丝线条份细的为经线，丝线条份粗的为纬线。

（8）丝线条份加捻（捻度大的为经线，丝线条份不加捻（捻度小）的为纬线。

（9）毛巾类织物，起毛圈的纱为经纱，不起毛圈的为纬纱。

（10）织物上有明显的筘痕时，与筘痕平行的纱线为经纱，另一方向为纬纱。或者借助光线照射，若呈规律性缝隙阴影的为经纱，排列均匀的为纬纱。

（11）如果为半线织物，即一个方向为股线，另一个方向为单纱，则一般股线的方向为经向，单纱方向为纬向。

（12）若单纱织物经纬向捻向不同时，一般经纱为 Z 捻，纬纱为 S 捻。

（13）若织物两个方向的纱线的捻度不同时，则捻度大的纱线为经纱，捻度小的纱线为纬纱。

（14）如织物的经纬纱特数、捻向、捻度都差异不大时，则纱线的条干均匀、光泽好的为经纱。

（15）在不同原料纱线的交织物中，棉毛、棉麻、棉与化纤的交织物中，一般棉为经纱；毛丝交织物中，丝为经纱；天然丝与人造丝交织物中，天然丝为经纱。

由于织物的品种繁多，织物的结构与性能也各不相同，故在分析时，还应根据具体情况进行确定。

练一练　提花床品、台布经纬向分析

可从以下几方面分析。

① 观察样品布边，布边方向为经向；

② 本床品为短纤纱与长丝交织，往往短纤纱方向为经向；

③ 床品、台布往往经细纬粗、经密纬疏，纱线较细、密度较大的那个方向为经向；

④ 观察地部经缎组织的织纹，由于经密纬疏，地部又采用经缎，因此织纹表现出较急，选取织纹角度大于45°的那个方向为经向，见图5-3。

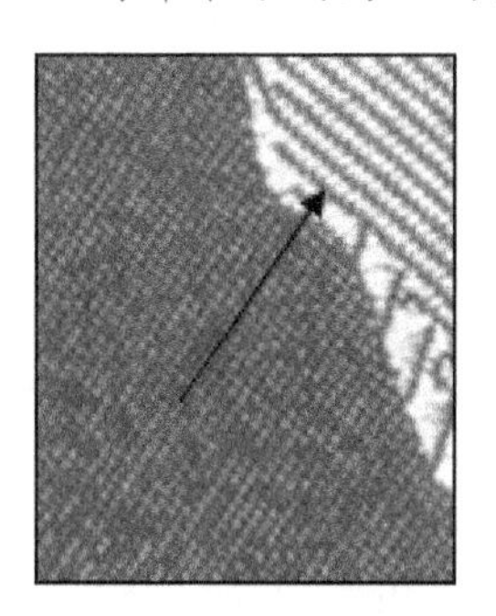
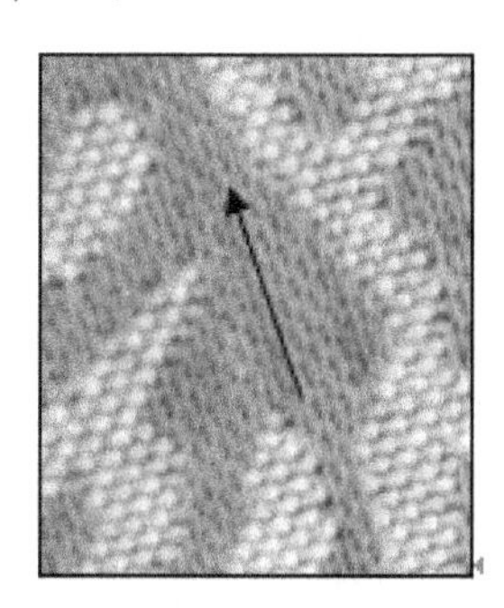

图5-3　通过织纹角度（>45°）判断经纬向

四、判别经、纬纱原料

鉴别原料首先要判别其是否是短纤纱、中长仿毛纱或者长丝，可取一较短纱段，用手指搓动使纱线退捻成纤维束来确定其是否为长丝，若不是，可手握纱段两端，慢慢拉动纱段，若露出38mm以下的短纤维，则为短纤纱，露出的短纤长度超过38mm的一般为中长型仿毛纱线。织物所采用的原料是多种多样的，有采用单一原料的纯纺织物，有采用两种或两种以上不同原料的混纺纱的混纺织物，还有经、纬纱采用不同原料的交织物。在进行织物分析时，必须鉴别来样经、纬纱所用的所有原料。

鉴别经、纬纱原料分为定性分析和定量分析。对于纯纺织物只需进行定性分析，对于混纺织物则需进行定量分析，以确定不同原料的混纺比。

鉴别经纬纱原料的方法很多，常用的有手感目测法、显微镜观察法、燃烧法和化学溶解法等。另外密度梯度法、试剂着色法、熔点法等也有应用。在具体鉴别经纬纱原料时，用一种鉴别方法常常不能做出确切判断，这时可以几种方法联合使用，以做出最终判断。

对于单一原料织物中的纤维类别鉴别，通常先通过手感目测法、显微镜法和燃烧法初步确定材料是属于纤维素纤维、蛋白质纤维、合成纤维大类中的哪一类，再结合溶解法确定具体纤维类别。如初步判定某织物的原料为纤维素纤维，再根据棉、麻、黏纤等纤维的溶解特性不同，选择恰当的试剂溶解之，由溶解的情况最终确定为何种纤维素纤维。

五、经纬纱线密度测定

经纬纱线密度测定需执行FZT01093—2008标准。纱线线密度是描述纱线粗细程度的指标之一。纱线的线密度决定织物的品种、用途、风格和物理机械性质。

经纬纱线密度的测定方法有两种：一是称重量测长度，根据定长制或定重制的计算方法，来计算经纬纱线密度；二是比较法，比较测定法是将纱线放在放大镜下，仔细地与已知线密度的纱线进行比较，最后决定试样的经纬纱线密度。只是此方法测定的准确程度与试验人员的经验有关。工厂的试验人员往往乐于采用比较测定法，这种方法虽然不太精确，但方便简捷，故在线密度的辨认中经常采用。

六、测算经纬纱密度

经纬纱密度的大小，直接影响织物的外观、手感、厚度、强力、抗折性、透气性、耐磨性和保暖性能等物理机械指标，同时它也关系到产品的成本和生产效率的高低。经纬纱密度的测定方法有以下三种。

（1）直接测数法　直接测数法凭借目力、照布镜、密度分析尺或织物密度分析镜直接计数。为了防止出现差错或不准确，可在分析样品的不同部位测量3～4次，然后取其平均值。

（2）间接测定法

① 织物组织分析法：对高密度、纱线线密度小的规则组织织物，分析织物经、纬密度时，除了借助密度镜（照布镜）和钢尺之外，还可以借助织物组织来帮助进行，首先经过分析织物组织及其组织循环经纱数(组织循环纬纱数)，然后乘以10cm中组织循环个数，所得的乘积再加上不足一个循环的尾数，即为织物的经(纬)纱密度。如已经分析织物组织为5枚，在密度镜（照布镜）下纬向的1cm内数出11个交织点，并且多余经纱根数为3根，则可测算经密=（5×11+3）×10=580根/10cm，选取的距离越大越准确。同样的办法也可以对高密度的织物的纬密进行分析和测算。

② 反面观察分析法：细长丝织成的紧密织物，松散的长丝散开后很难确定纱线的位置，无法进行单根计数。如果织物浮长较长，经纱浮在多根纬纱之上或纬纱浮在多根经纱之上，单根计数也较困难。因为多根纱线会聚集在一起，使得有些纱线滑移到其他经纱之下，在织物正面看不到这些纱线，故在分析经面缎纹织物的经密和组织时，织物反面的经浮点容易看清并计数，见图5-4。

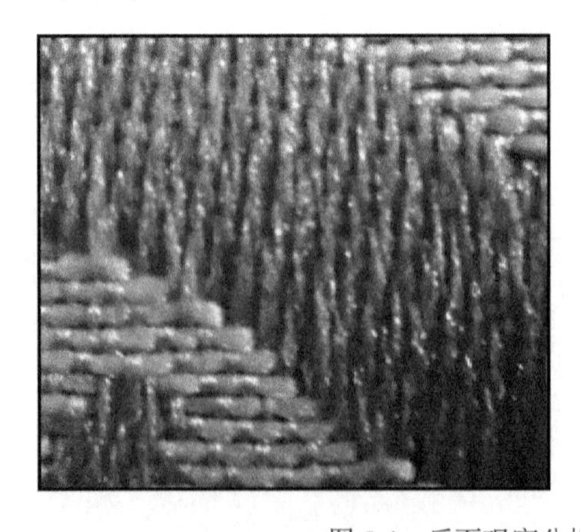
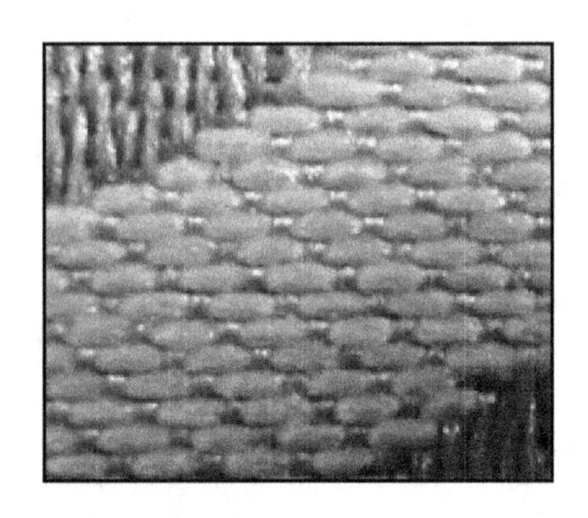

图5-4　反面观察分析法和借助组织分析法

对于长丝织物，测量时还可将纺织面料放在光线好、平整的台面上，然后把密度仪放在织物上,慢慢移动密度仪，使密度仪的线条和织物的纬线平行，由于织物的纬线与密度仪的线条产生重叠,在密度仪上产生棱形花纹，花纹对角所指的密度仪上所对应的刻度就是织物每厘米或者每英寸的密度。

（3）拆纱法 此法多用于高密起毛织物。由于高密起毛织物的布面有毛绒，不容易看清纹路，另外双层和多层织物用以上两法也难以测量，也用拆纱法。

七、测定经纬纱织缩率

测定经纬纱织缩率的目的是为了计算纱线线密度和织物用纱量等。经纬纱织缩率测定需执行 FZT01091—2008 标准。

经纬纱缩率的大小，是工艺设计的重要依据，它对纱线的用量、织物的物理机械性能和织物的外观均有很大的影响。实际检测时，常用捻度仪辅助检测。

练一练 提花床品原料、线密度、密度分析

通过手感目测法、燃烧法和化学溶解法等确定该床品经纱为棉，纬纱为黏胶丝；通过重量测长度或比较法等确定该床品经纱为 60 英支棉纱，纬纱为 150 旦黏胶丝；在分析样品的不同部位借助密度镜（照布镜）和钢尺，以及借助织物组织规律、反面观察分析法来进行测量或分析测算织物经纬密，测量 3～4 次，取其平均值，得出 P_j= 684 根/10cm; P_w= 420 根/10cm; 织造缩率 a_j= 6.3%; a_w=2.4% 。

提花台布原料、线密度、密度分析：通过手感目测法、燃烧法和化学溶解法等确定该台布经纱、纬纱都为涤纶长丝；通过重量测长度或比较法等确定该台布经向为 150 旦涤纶长丝，纬向为 300 旦涤纶长丝；在分析样品的不同部位借助密度镜（照布镜）和钢尺，以及借助织物组织规律、反面观察分析法等进行测量或分析测算织物经纬密，测量 3～4 次，取其平均值，得出 P_j=528 根/10cm; P_w =246 根/10cm; 织造缩率 a_j= 3.5%; a_w = 2.1% 。

八、分析织物组织

大提花织物结构往往比较复杂，分析大提花织物的结构首先观察其织物是由几根经线和几根纬线交织而成的，并根据经纬线交织状况来判断是单经单纬、单经双纬、单经三纬还是双经单纬、双经双纬等织物的结构，分析该织物是属于单层、重纬、重经、双层、多色经多色纬等组织中的哪一种，从而确定该提花装饰织物的组织类型。

大提花织物表面局部有花纹，若地部的组织很简单，此时只需要分别对花纹和地部的局部进行分析，然后根据花纹的经纬纱根数和地部的组织循环数，就可求出一个花纹循环的经纬纱数，而不必一一画出每一个经纬组织点，需注意地组织与起花组织起始点的统一问题。

织物组织分析应执行 FZT01090—2008 标准。分析中，常用的工具有放大镜（照布镜）、分析针、剪刀、意匠纸及颜色纸等。常用的织物组织分析方法有以下几种。

（1）拆纱分析法　此法对初学者适用，实际多用于起绒织物、毛巾织物、纱罗织物、多层织物和纱线线密度低、密度大、组织复杂的织物。这种方法又可分为分组拆纱法与不分组拆纱法两种。

对于复杂组织或色纱循环大的组织，用分组拆纱法分析精确可靠的，现介绍如下。

① 确定拆纱的系统：为看清楚经纬纱交织状态，首先应确定拆纱方向。借助前面经纬密大小的分析，拆开密度较大的纱线系统，再利用密度小的纱线系统的间隙，清楚地看出经纬纱的交织规律。

② 确定织物的分析表面：一般用方便看清织物组织的一面为分析面，分析面不一定是正面。若是经面或纬面组织的织物，以分析织物的反面比较方便；若是表面刮绒或缩绒织物，则分析时应先用剪刀或火焰除去织物表面的部分绒毛，然后进行组织分析。

③ 纱缨的分组：在布样的一边先拆除若干根一个系统的纱线，使织物的另一个系统的纱线露出 10mm 的纱缨，再将纱缨中的纱线每若干根分为一组，并将 1、3、5…奇数组的纱缨和 2、4、6…偶数组的纱缨分别剪成两种不同的长度。这样，当被拆的纱线置于纱缨中时，可以清楚地看出它与奇数组纱和偶数组纱的交织情况。

④ 不分组拆纱法：首先选择好分析面，拆纱方向与分组拆纱相同，此法不需将纱缨分组，只需把拆纱轻轻拨入纱缨中，在意匠纸上把经纱与纬纱交织的规律记下即可。

（2）局部分析法　有的织物表面局部有花纹，地布的组织很简单，此时只需要分别对花纹和地布的局部进行分析，大提花装饰织物大多采用局部分析法。

（3）直接观察法　有经验的工艺员或织物设计人员，可采用直接观察法，依靠目力或利用照布镜，对织物进行直接观察，将观察的经纬纱交织规律，逐次填入意匠纸的方格中。分析时，可多填写几根经纬纱的交织状况，以便正确地找出织物的完全组织。

练一练　提花床品、台布组织分析

① 样品 1、样品 2 表面局部有花纹，地布的组织比较简单，此时只需要分别对局部花纹和地布进行分析。

② 观察样品 1、样品 2，根据经纬线交织状况判断样品 1、样品 2 是单经单纬的织物结构，分析该织物是属于单层提花织物。

③ 提花产品一般经向密度高、纱线线密度小，细长丝织成的紧密织物，松散的长丝散开后更难确定纱线的位置，无法进行单根计数。如果织物浮长较长，经纱浮在多根纬纱之上或纬纱浮在多根经纱之上，有些纱线滑移到其他经纱之下，在织物正面看不到这些纱线，单根计数也较困难。故在分析经面缎纹效应的组织时，织物反面的经浮点容易看清并计数，因此完全可以采用反面分析法。

对于缎纹效应的组织而言，由于缎纹组织虽然不像斜纹组织那样有明显的斜向，但织物表面存在一个主斜向，并随飞数的变化而变化：出现右斜织纹的 $S<R/2$，出现左斜织纹的 $S>R/2$，从而可以通过主斜向方向轻松判别织物飞数。

通过分别观察该床品和台布地组织的主斜向方向，也可判断这两块面料地组织分别为 $\frac{5}{2}$ 经缎和 $\frac{5}{3}$ 经缎，见图 5-5。

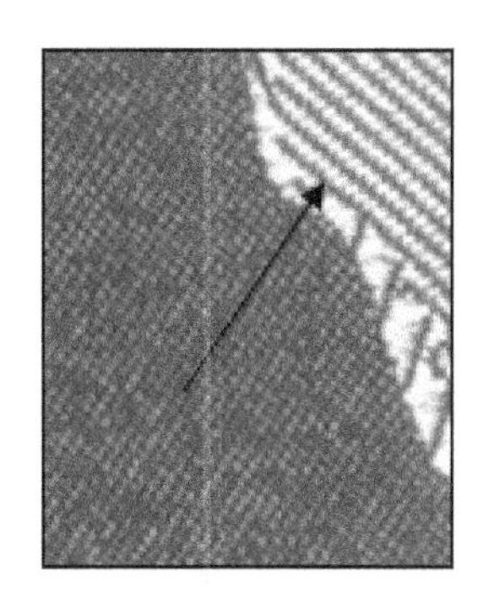
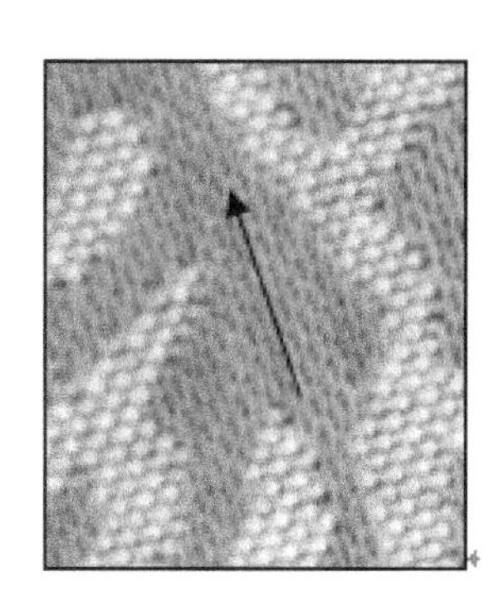

图 5-5 通过织纹角度的斜向来判断飞数

部分纬面组织正面斜纹方向看似非常明显，还需注意观察反面效果，若反面斜纹效应也强，可判断为斜纹，若反面浮长长，斜向不明显，则缎纹效应强，可判断为纬面缎纹或纬面加强缎纹。

④ 观察样品 1，发现其中有花纹轮廓部分为长短、方向不规则的浮长线，判断为活切间丝，不分析该部分组织，意匠处理时点活切间丝即可。最终通过拆纱和观察样品局部组织表面、反面特征相结合的分析法确定分析结果：样品 1 地部组织为 $\frac{5}{2}$ 经缎，花部组织为 $\frac{8}{2}$ 纬缎、$\frac{5}{3}$ 纬面二加强缎纹、$\frac{11}{12}$ 下斜纹，花纹轮廓主要为 $\frac{1}{13}$ 右斜纹，布边组织为 $\frac{2}{2}$ 方平，如图 5-6 所示。

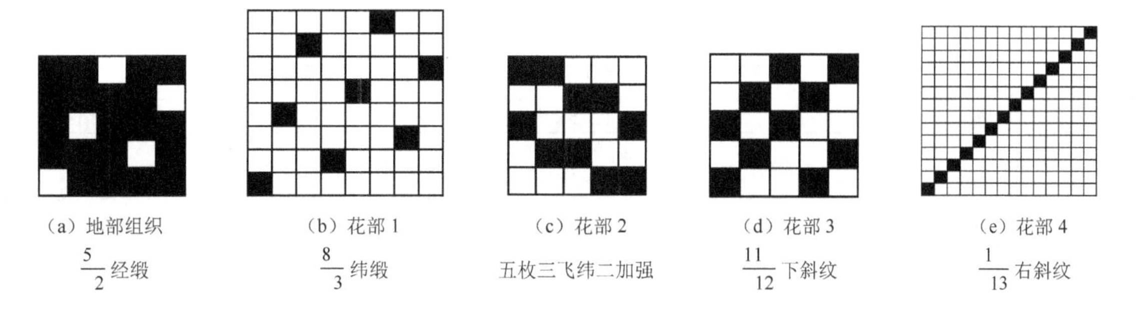

图 5-6 样品 1 组织

样品 2 地部组织为 $\frac{5}{3}$ 经缎，花部组织为 $\frac{5}{3}$ 纬缎和 $\frac{5}{3}$ 纬面三加强缎纹，布边组织为 $\frac{2}{2}$ 经重平，如图 5-7 所示。

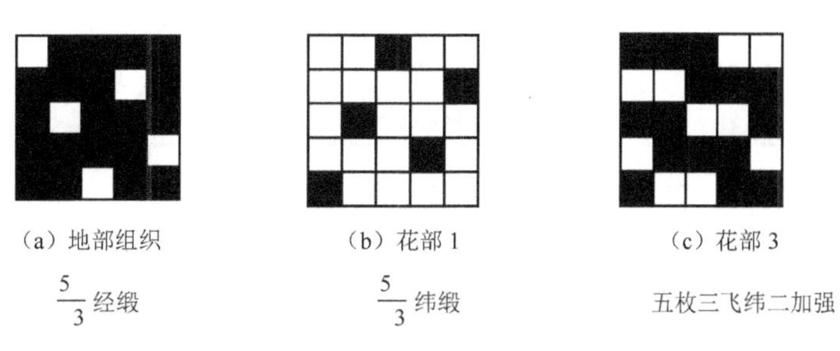

图 5-7 样品 2 组织

九、测量全幅花数、每花长度和宽度

观察样品1，测量外幅为254.8cm，布边各40×2根、0.7cm，内幅253.4cm；观察样品2，测量外幅为148cm，布边各36×2根、0.7cm，内幅146.6cm。找出织物一个花纹循环大小并测量尺寸，从而可得全幅花数和总经根数。

测得样品1一个花纹循环长度为40cm，宽度为35cm；根据经纬密度和花纹循环的长度和宽度，计算一花循环的经纬纱根数。一花循环内的经纱数为35×68.4=2394，修正为地部花部组织5、8的整数倍，取2400根；纬纱数：40×42=1680，为地部花部组织5、8的整数倍无需修正；内经根数为253.4×68.4=17332根，同时可得全幅花数为17332/2400=7.22花，测量边部组织为$\frac{2}{2}$方平，边经根数为40×2根，则总经根数为17412根。

测得样品2一个花纹循环长度为19.2cm，宽度为17.5cm。一花循环内的经纱数为17.5 × 52.8 = 924根，修正为地部花部组织5的整数倍，取925，纬纱数为19.2×24.6=472，修正为地部花部组织5的整数倍，取470；内经根数为146.6×52.8=7740根，同时可得全幅花数为7740/925=8.37花，测量边经根数为36×2根，则总经根数为7812根。

记录分析结果，完成织物分析表格填写，见表5-1、表5-2。

表5-1　提花床品面料分析表

<table>
<tr><td>样品名称</td><td>提花床品</td><td>用途</td><td colspan="2">床上用品</td></tr>
<tr><td>样品外幅/cm</td><td>254.8</td><td>每花长×宽/cm×cm</td><td colspan="2">40×35</td></tr>
<tr><td>样品内幅/cm</td><td>253.4</td><td>全幅花数</td><td colspan="2">7.22</td></tr>
<tr><td rowspan="3">色经排列</td><td>60英支棉纱</td><td>一花经纱根数</td><td colspan="2">2400</td></tr>
<tr><td></td><td>内经根数</td><td colspan="2">17332</td></tr>
<tr><td></td><td>全幅总经根数</td><td colspan="2">17412</td></tr>
<tr><td rowspan="3">色纬排列</td><td>150旦黏胶长丝</td><td>边纱根数</td><td colspan="2">40×2</td></tr>
<tr><td></td><td rowspan="6">织物组织</td><td>地部</td><td>$\frac{5}{2}$经缎</td></tr>
<tr><td></td><td rowspan="4">花部</td><td>$\frac{8}{3}$纬缎</td></tr>
<tr><td>经纱织缩率a_j</td><td>6%</td><td>$\frac{5}{3}$纬面二加强缎纹</td></tr>
<tr><td>纬纱织缩率a_w</td><td>2.40%</td><td>$\frac{1\ \ 1}{1\ \ 2}$斜纹</td></tr>
<tr><td>经密/（根/10cm）</td><td>684</td><td>$\frac{1}{13}$斜纹</td></tr>
<tr><td>纬密/（根/10cm）</td><td>420</td><td>边部</td><td>$\frac{2}{2}$方平</td></tr>
</table>

表5-2　提花台布面料分析表

样品名称	提花床品	用途	家具覆盖
样品外幅/cm	148	每花长×宽/cm×cm	19.2×17.5
样品内幅/cm	146.6	全幅花数	8.37
色经排列	150旦涤纶长丝	一花经纱根数	925
		内经根数	7740
		全幅总经根数	7812

续表

样品名称	提花床品	用途	家具覆盖	
色纬排列	300旦涤纶长丝	边纱根数	36×2	边纱根数
		织物组织	地部	$\frac{5}{3}$ 经缎
经纱织缩率 a_j	3.5%		花部	$\frac{5}{3}$ 纬面三加强缎纹
纬纱织缩率 a_w	2.1%			$\frac{5}{3}$ 纬缎
经密/(根/10cm)	258			
纬密/(根/10cm)	246		边部	$\frac{2}{2}$ 经重平

十、纹织CAD绘制样品纹样

练一练 绘制样品纹样

① 在编辑意匠纹样时需要向纹织CAD系统输入一些规格参数，将已测经纬密和一个循环经纬纱根数等参数输入意匠。样品1织物的经密、纬密分别输入68.4根/cm、42根/cm，一花循环内的经纬纱数分别输入2400和1680；样品2织物的经密、纬密分别输入52.8根/cm、24.6根/cm，一花循环内的经纬纱数分别输入925和470。

② 经组织分析，样品1、样品2组织分别共有5个和3个，因此意匠设色分别设为5色和3色

③ 由于地部组织为缎纹，因此意匠勾边采用自由勾边。

④ 利用纹织CAD软件绘图工具栏或其他绘图软件绘制纹样，也可将扫描好的纹样导入纹织CAD中并进一步进行调整修饰、分色、去杂等编辑处理完成一个完整花纹循环的绘制，见图5-8。

(a) 提花床品纹样

(b) 提花台布纹样

图5-8 样品纹样

任务三　提花床品、台布产品设计

一、提花床品的产品设计

本产品是天丝/黏胶丝交织床品，以天丝和黏胶长丝为原料，天丝/黏胶丝交织床品舒适、耐用、色泽亮丽，花纹清晰自然，美观、大方。花地组织采用 5 枚、8 枚经纬缎纹和斜纹组织，层次错落，主花为牡丹花卉，暗花采用花卉及几何图案，混满地布局，整个图案分布均匀。

1. 产品规格设计

（1）成品规格　考虑到舒适、耐用、光泽、装饰等方面的性能，该天丝提花床单采用高支高密，选用天丝和黏胶丝为经、纬纱原料，经纱线密度为 9.7tex，纬纱为 150 旦黏胶长丝。为使织物紧密、挺括，花纹细致、清晰，成品幅宽为 252cm，成品的经纬纱密度 P_j 及 P_w 分别为 720 根/10cm、386 根/10cm。产品的经纬向紧度 E_j、E_w 和总紧度 E_z 分别为：

经向紧度 $E_j=0.037\times\sqrt{\text{Tt}}\times P_j=0.037\times\sqrt{9.7}\times720=82.9\%$

纬向紧度 $E_w=0.037\times\sqrt{\text{Tt}}\times P_w=0.037\times\sqrt{\frac{150}{9}}\times386=58.3\%$

总紧度 $E_z=E_j+E_w-E_j E_w/100=92.9\%$

初算总经根数=成品经密×成品幅宽/10=720×252/10=18144 根

实际总经根数与每花经纱数、每筘穿入数等密切相关。因此，实际的总经根数需待有关参数确定后再修正。

（2）坯布规格　织物的坯布规格是制定上机工艺参数的依据，随上机条件和后整理工艺的不同而异。根据企业的经验，该天丝/黏纤丝交织提花床品的经、纬纱织缩率分别为：7.0%、2.5%；后整理幅缩率=5.4%；后整理伸长率=2%。

坯布经密=成品经密×(1−后整理幅缩率)= 720×(1−5.4%)= 681.1 根/10cm

坯布纬密=成品纬密×(1+后整理伸长率)= 386×(1+2%)=393.7 根/10cm

$$坯布幅宽=\frac{成品幅宽}{(1-幅缩率)}=\frac{252}{(1-5.4\%)}=266.4\text{（cm）}$$

该大提花床品坯布规格：

公制：266.4cm Tencel(天丝)9.7tex×R150 旦　681.1×393.5；

英制：105 英寸 Tencel(天丝)60 英支×R150 旦　173×100，生产上习惯于英制规格表示。

（3）上机规格　本产品布身布边每筘穿入数均为 4。

$$筘号=\frac{坯布经密\times(1-纬纱织缩率)}{每筘穿入数}$$

$$=\frac{坯布经密\times(1-纬纱织缩率)}{每筘穿入数}=\frac{681.1\times(1-2.5\%)}{4}=166.0\text{（齿/10cm）}$$

$$筘幅=\frac{坯布幅宽}{(1-织缩率)}=\frac{266.4}{(1-2.5\%)}=273.2\text{（cm）}$$

图 5-9　床品纹样

初算总经根数为筘入数整倍数，取 18144 根，无需修正。

（4）组织与纹样

图 5-9 的床品纹样取材于变形花卉，主花为牡丹，暗花采用叶子及几何图案，混满地布局，整个图案分布均匀。纹样宽高分别是 35cm 和 58cm。花地组织采用 5 枚、8 枚经纬缎纹、加强缎纹以及斜纹组织，层次错落，组织图如图 5-10 所示。

（5）花纹循环纱线数及经纱排列

一花循环经纱数=经密×纹样宽度/10=720×35/10=2520 根

一花经纱循环数 2520 是地部、花部组织循环 5、7、8 的整数倍，无须修正。

本例布边选用 $\frac{2}{2}$ 方平组织，两边各 64 根，每筘穿入 4 根。

（a）地部组织

（b）花部 1

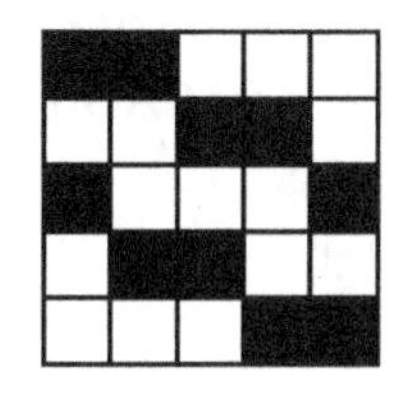

（c）五枚三飞纬二加强

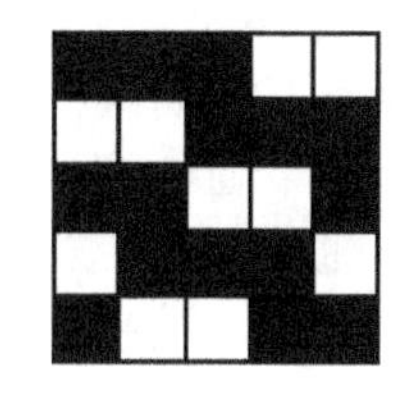

（d）五枚三飞纬三加强

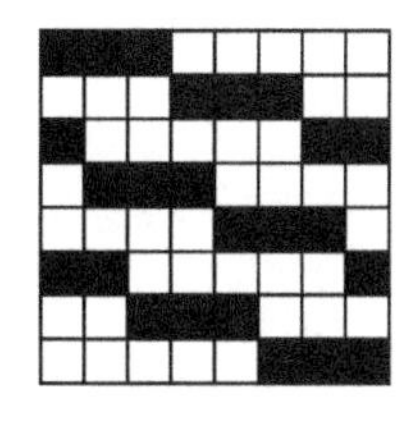

（e）八枚五飞纬三加强

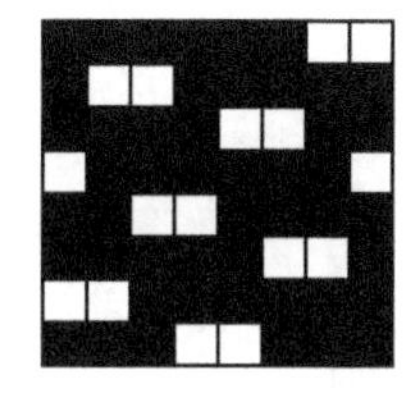

（f）八枚五飞纬六加强

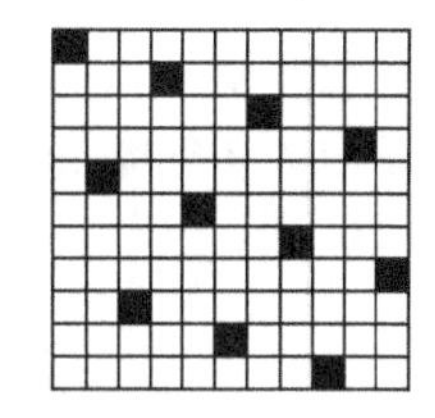

（g）十一枚七飞纬缎

图 5-10　床品纹样组织图

$$全幅花数 = \frac{总经根数-边经根数}{花纹循环经纱数} = \frac{18148-128}{2520} = 7.15（花）$$

取花数为 7.15 花。

一花内的纬纱数=纹样长×纬密=58×386/10＝2238（根）

一花纬纱循环数应是地部、花部组织循环 5、7、8 的整数倍，修正为 2240 根。

该天丝/黏胶丝交织床品主要规格和参数列于表 5-3 中。

2. 装造工艺设计

（1）正反织确定　本例采用 Staubli 的 CX880 型提花龙头，采用单造单把吊（普通装造），在电子提花机上，地部是五枚经缎，可以采用正织。

表 5-3　Tencel(天丝)60 英支×R150 旦　大提花床品织物主要规格

成品外幅/cm	252	每花长×宽/cm×cm	58×35
成品内幅/cm	250	全幅花数	7.15
经密/(根/10cm)	720	筘号/（齿/10cm）	166
纬密/(根/10cm)	386	筘入数	4
经纱组合	天丝 9.7tex（60 英支）	筘幅/cm	273.2
纬纱组合	人造丝 150 旦	总经根数	18144
地部组织	5 枚经缎	内经根数	18016
花部组织	5 枚、8 枚纬面缎纹、加强缎纹以及斜纹组织		

（2）纹针数计算

纹针数=花纹循环经纱数=成品经密×纹样宽度/10=2520 针

2520 针是 5、8 和 7 的倍数，所以不用修正。

边部为$\frac{2}{2}$方平组织，需边针 16 针。

样卡设计：CX880 型 2688 针电子提花机的纹针共有 16 列、168 行，需用纹针 2520 针；边针用 16 针，在纹板样卡上前后平均分布（每个边针吊 8 根通丝，边组织为二上二下方平组织）。具体的纹板样卡可利用纹织 CAD 进行设计。

（3）通丝把数和每把通丝数

通丝把数=纹针数=2520 把

内经根数=18144–64×2=18016 根

零花根数=18016–2520×7=376 根

每把通丝数=花数，每把 7 根 2144 把，每把 8 根 376 把。

织机通丝总根数=通丝把数×每把通丝数=2144×7+376×8=18016 根

（4）目板计算与穿法

目板总宽度取大于筘幅 2cm，取 275.2cm。

目板选用 16 列。

每花实穿行数 = $\frac{一花经纱数}{目板列数}$ = $\frac{2520}{16}$=157.5（行）取 158 行

零花实穿行数 = $\frac{零花经纱数}{目板列数}$ = $\frac{376}{16}$=23.5（行）取 24 行

目板总行数 =每花实穿行数×花数+零花实穿行数=1130（行）

目板行密=$\frac{目板总行数}{目板穿幅}$=$\frac{1130}{275.2}$=4.1 行/cm

目板穿法为顺穿，如图 5-11 所示。

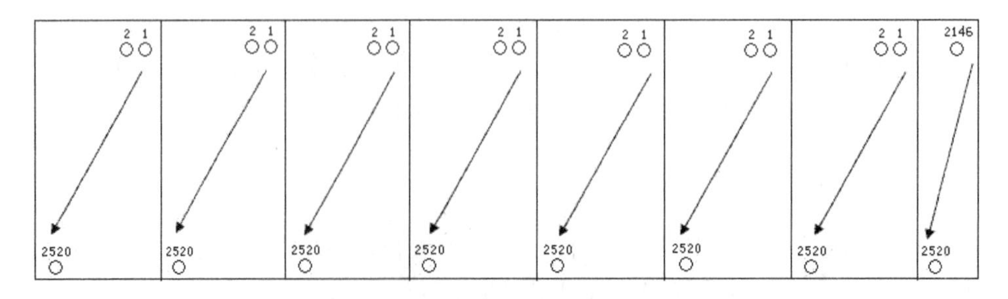

图 5-11　目板穿法

3. 纹织 CAD 意匠编辑与工艺处理

（1）意匠纸规格　在编辑意匠文件时需要向纹织 CAD 系统输入一些参数，如织物的经密、纬密以及一花循环内的经纱数和纬纱数。在浙大经纬纹织 CAD 系统上，密度输入单位是根/cm。

织物的经密=72.0 根/cm

织物的纬密= 38.6 根/cm

一花内的经纱数=2520 根

一花内的纬纱数=2240（根）

点击“工艺工具栏”中的“意匠设置”功能键，设置意匠的一些参数，将上述数据以图 5-12 的形式输入，可对意匠图大小和规格进行设置，纹织 CAD 会自动形成意匠文件，绘制好意匠文件后保存。

（2）意匠设色

该织物有 7 种组织：地部为五枚经缎，花部为五枚、八枚纬面缎纹、加强缎纹以及斜纹组织。所以意匠用 7 种颜色如可分别用 1#色到 7#色来表示 7 种组织。

（3）意匠勾边　该织物花地组织均是缎纹和斜纹，用电子提花机单造单把吊织造，可采用自由勾边的方式。勾边时起落笔不受限制，花纹轮廓圆顺自如为佳。部分意匠图见图 5-13。

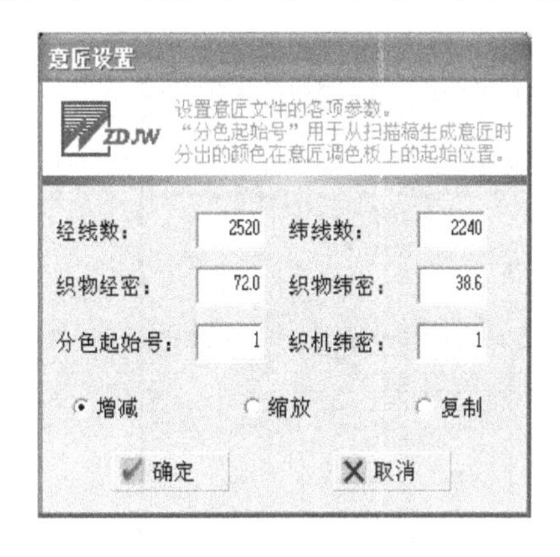

图 5-12　意匠设置

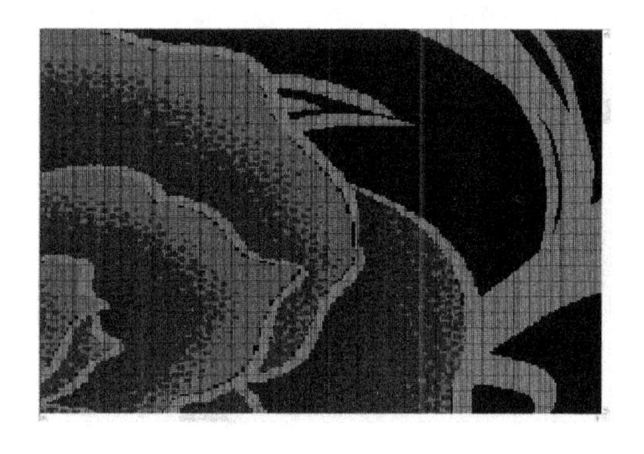

图 5-13　意匠图片段

（4）织物组织设置　点击“工艺工具栏”中的“配置”功能键，若组织库中已有某组织，则在“组织文件名”中输入文件名，单击“读取组织”按钮，可读取该组织；或在列表框中单击某文件直接读取组织。若没有某组织，则需进行组织设定，输入组织循环的纵格数和横格数，然后单击“创新组织”按钮，将按设定大小创建空白组织，再手工设置组织点并保存该组织文件名。如图 5-14 所示。

（a）P5-3j

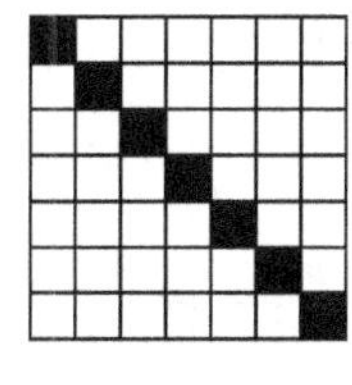

（b）P1-6w

（c）P5-3w2

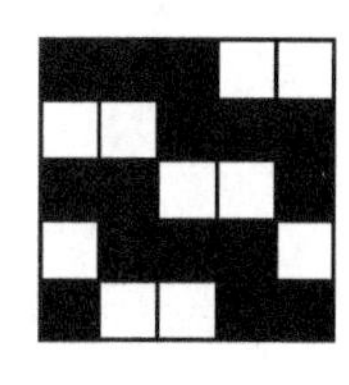

（d）P5-3w3

图 5-14

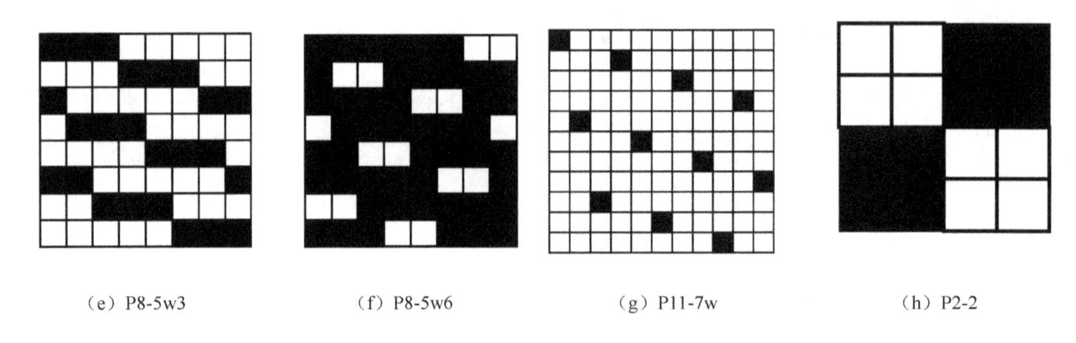

图 5-14　组织设置

该织物布身有 7 个组织，布边组织为$\frac{2}{2}$方平组织，可分别设定并存入组织库。

（5）组织表设置　在意匠文件中上，颜色与组织的对应关系可用组织配置表或组织表来说明。组织配置表和组织表相当于传统手工画意意匠图的纹板轧法说明表。点击“工艺工具栏”中的“组织表”功能键，该织物为单层纹织物，因此在填组织配置表时只需在梭 A1 那一列对应的七个相应颜色的每个对应框中填入组织设置时所使用的那七个组织文件名或组织别名即可。设置完毕，单击“存入意匠”，将把设置的内容存入当前的意匠文件中。如图 5-15 所示。

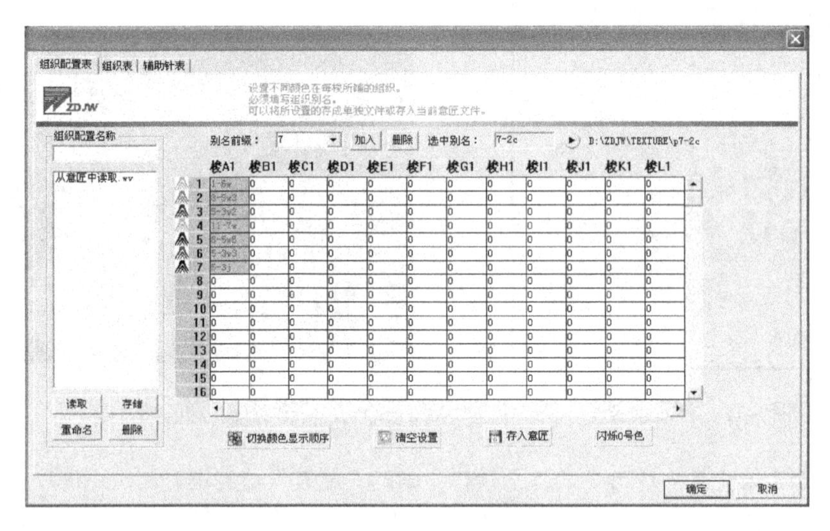

图 5-15　组织表设置

（6）生成、保存投梭　该织物为单层纹织物，生成投梭文件只需一梭。点击“工艺工具栏”中的“投梭”功能键，在调色板上选择投梭颜色 1#色，在意匠区点击一下投梭结束，再点击“投梭”按钮，投梭自动保存，意匠文件上方自动显示投梭信息。如图 5-16 所示。

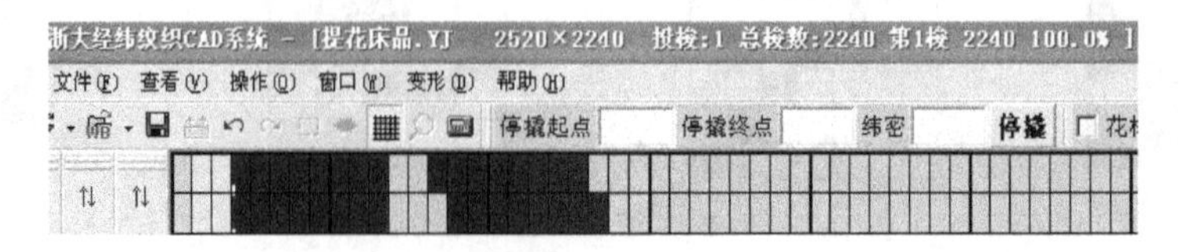

图 5-16　投梭

（7）建立纹板样卡 根据电子提花机的型号，可以确定纹板样卡为16×168样卡形式，在该样卡上设置：左边针用8针，位置为第65针~第68针、第77针~第80针；右边针用8针，位置为第2621针~第2624针、第2609针~第2612针；主纹针2520针，位置为第81针~第2600针，余针安排功能针。样卡设计见图5-17。

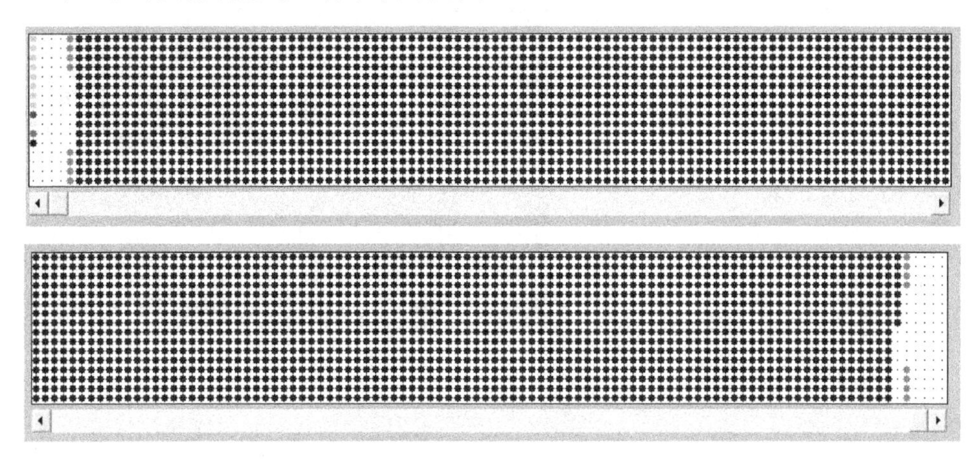

图5-17 样卡设计

（8）填辅助组织表 点击“辅助针表”对话框，在辅助针表内填入所需要辅助针的组织文件名。辅助针表填好后可直接“存入意匠”或在左边打上辅助针表名称，点击左下方的“存辅助针表”，以便日后读取。

由于该织物为单层提花织物，辅助针组织表也只需在梭A1对应的列填入边组织$\frac{2}{2}$方平组织的代号，见图5-18。

	梭1	梭2	梭3	梭4	梭5	梭6	梭7	梭8
边针	2-2	0	0	0	0	0	0	0
停撬针	0	0	0	0	0	0	0	0
梭箱针	9001	9002	9003	9004	9005	9006	9007	9008
梭箱针2	0	0	0	0	0	0	0	0
提前梭	0	0	0	0	0	0	0	0
提前梭2	0	0	0	0	0	0	0	0
良子	0	0	0	0	0	0	0	0

图5-18 辅助针设计

（9）纹板处理（生成纹板） 当组织表设置、辅助针设置完毕、投梭结束、样卡设置成功后，就可以生成关键的纹板文件。纹板处理时可以根据提花龙头的具体型号来选择所要生成的具体织造文件类型。

（10）纹板检查 在织造前，应该打开纹板文件，进行纹板检查，以确保成功。可以有检查纹板、检查纹针、EP方式检查等多种方式。

（11）效果模拟 单击 “其他工具栏”，打开 ，输入相应的参数和信息：在左上方输入经纬线组数、装造类型、多造后，还需输入经纱排列顺序、纬纱密度（根/cm或根/英寸）；在左下方输入织物模拟结果的品质参数、工艺类型；下方的扦经表、道具表在需要时才在前面打钩。在右上方输入经纬线颜色数，在经纬纱线上单击左键会弹出 “纱线库”对话框，在这里可直接选用已存的纱线种类。

选择意匠模拟，参数设置如图 5-19 所示。织物模拟效果图（局部）如图 5-20 所示。

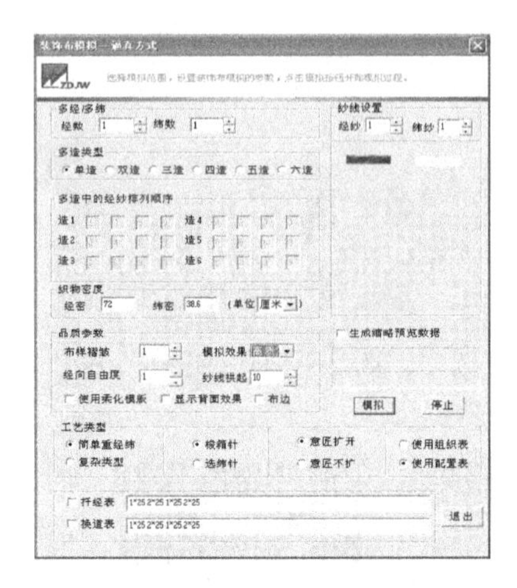

图 5-19　参数设置

图 5-20　模拟效果图（局部）

二、提花台布产品设计

该产品是精梳纯棉高档台布产品，经向为 32 英支精梳股线，纬向为纯棉单纱，花地组织采用四枚经纬面斜纹组织。花纹为祥云图案，采用独花纹样，呈长方形，与餐桌尺寸相配套，混满地布局，整个图案分布均匀。

1．产品规格设计

（1）坯布规格　织物的坯布规格是制定上机工艺参数的依据，随上机条件和后整理工艺的不同而异。根据企业的经验，该纯棉提花台布的经、纬纱织缩率分别为 6.0%、3.3%。

该大提花台布坯布规格如下。

公制：266.7cm　JC18.2tex　×2×C18.2tex　354.3 根/10cm×256 根/10cm

英制：105 英寸 JC32 英支/2×C32 英支　　90 根/英寸×65 根/英寸，生产上习惯于英制规格表示。

初算总经根数=坯布经密×坯布幅宽=90×105=9450 根

本例布边选用 $\frac{2}{2}$ 方平组织，两边各 36 根。

（2）上机规格　布身每筘穿入 3 根。

$$\text{筘号}=\frac{\text{坯布经密}\times(1-\text{纬纱织缩率})}{\text{每筘穿入数}}$$

$$=\frac{\text{坯布经密}\times(1-\text{纬纱织缩率})}{\text{每筘穿入数}}=\frac{354.3\times(1-3.3\%)}{3}=114.2\text{（齿/10cm）}$$

$$\text{筘幅}=\frac{\text{坯布幅宽}}{(1-\text{织缩率})}=\frac{266.7}{(1-3.3\%)}=275.8\text{（cm）}$$

（3）组织与纹样　该台布纹样花纹为祥云图案，采用独花纹样，呈长方形，与餐桌尺寸相配套，混满地布局，整个图案分布均匀，花地组织采用四枚经纬面斜纹组织，见图 5-21。

全幅织 2 个花纹循环，布边两边各 36 根，每边为 1cm 的宽度。

每花宽度=$\frac{内幅}{花数}=\frac{266.7-2}{2}$=132.3cm，长度为 230cm。

组织图如图 5-22 所示。

图 5-21 台布纹样

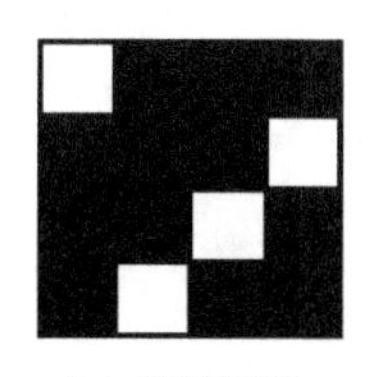

（a）地部组织

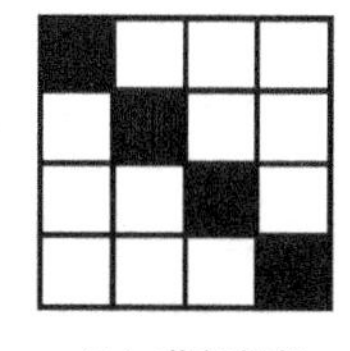

（b）花部组织

图 5-22 台布组织

（4）花纹循环纱线数及经纱排列

一花循环经纱数=经密×纹样宽度/10=354.3×132.3/10=4688 根

修正为花地组织循环数 4、筘入数 3 的整倍数，取一花循环经纱数为 4692 根。

两布边各 36 根，初算总经根数由 9450 根修正为 9456 根。

企业为了变换品种的方便，简化装造，纹针数往往只有固定的几种情况。如 2520、5040 针等，因此该台布可选择纹针数 5040 针的装造，上机时可抽掉 348 针。

该纯棉台布主要规格和参数列于表 5-4 中。

表 5-4 JC18.2tex ×2×C18.2tex 354.3 根/10cm×256 根/10cm 大提花台布织物主要规格

坯布外幅/cm	266.7	每花长×宽/cm×cm	230×132.3
坯布内幅/cm	264.7	全幅花数	2
经密/(根/10cm)	354.3	筘号/（齿/10cm）	114.2
纬密/(根/10cm)	256	筘入数	3
经纱组合	JC18.2tex ×2	筘幅/cm	275.8
纬纱组合	C18.2tex	总经根数	9456
地部组织	三上一下右斜	内经根数	9384
花部组织	一上三下左斜		

2. 装造工艺设计

（1）正反织确定 本例采用 Staubli 的 LX1690 的提花龙头，采用单造单把吊（普通装造），在电子提花机上，地部是四枚斜纹，可以采用正织。

（2）纹针数计算

纹针数=花纹循环经纱数=经密×纹样宽度/10=4688 针

修正为花地组织循环数 4、筘入数 3 的整倍数，取纹针数为 4692 根。

边部为$\frac{2}{2}$方平组织，需边针 16 针。

样卡设计：CX880 型 2688 针电子提花机的纹针共有 16 列、168 行，需用纹针 2520 针；边针用 16 针，在纹板样卡上前后平均分布（4 个边针吊 4 根通丝，4 个边针吊 5 根通丝，边组织为$\frac{2}{2}$方平组织）。具体的纹板样卡可利用纹织 CAD 进行设计。

（3）通丝把数和每把通丝数

通丝把数=纹针数=4692 把

每把通丝数=花数=2

织机通丝总根数=通丝把数×每把通丝数=4692×2=9384 根

（4）目板计算与穿法

目板总宽度取大于筘幅 2cm，取 277.8cm。目板选用 16 列。

每花实穿行数 = $\frac{一花经纱数}{目板列数} = \frac{4692}{16}$=293（行）多 4 针，取 294 行。

目板总行数 =每花实穿行数×花数 =294×2=588 行

目板行密=$\frac{目板总行数}{目板穿幅}=\frac{588}{277.8}$=2.1 行/cm

目板穿法为顺穿，如图 5-23 所示。

3. 纹织 CAD 意匠编辑与工艺处理

（1）意匠纸规格

织物的经密=35.4 根/cm

织物的纬密= 25.6 根/cm

一花内的经纱数=4692 根

一花内的纬纱数=纹样长×纬密=230×256/10

= 5888（根）

一花纬纱循环数是地部、花部组织循环 4 的整数倍，无须修正。

点击“工艺工具栏”中的“意匠设置”功能键，设置意匠的一些参数，将上述数据以图 5-24 的形式输入，可对意匠图大小和规格进行设置，纹织 CAD 会自动形成意匠文件，绘制好意匠文件后保存。

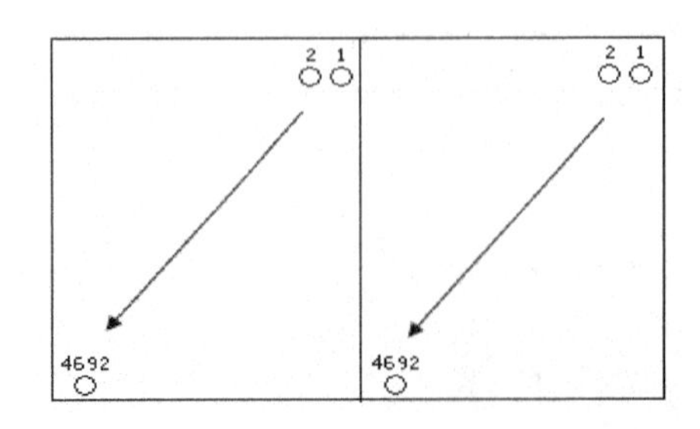

图 5-23 目板穿法

图 5-24 意匠设置

（2）意匠设色　该织物有两种组织：地部为四枚经面斜纹，花部为四枚纬面斜纹，意匠可分别用 1[#]色和 2[#]色来表示两种组织。

（3）意匠勾边　该织物花地组织均是斜纹，用电子提花机单造单把吊织造，可采用自由勾边的方式。部分意匠图见图 5-25。

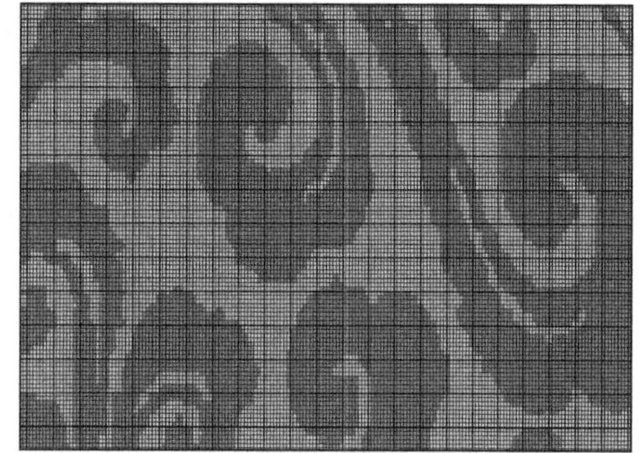

图 5-25　意匠图片段

（4）织物组织设置　点击“工艺工具栏”中的“配置”功能键，若组织库中已有某组织，则在“组织文件名”中输入文件名，单击“读取组织”按钮，可读取该组织；或在列表框中单击某文件直接读取组织。若没有某组织，则需进行组织设定，输入组织循环的纵格数和横格数，然后单击“创新组织”按钮，将按设定大小创建空白组织，再手工设置组织点并保存该组织文件名。

该织物有两个组织，可分别设定并存入组织库，如图 5-26 所示。

（5）组织表设置　在意匠文件中上，颜色与组织的对应关系可用组织配置表或组织表来说明。组织配置表和组织表相当于传统手工画意意匠图的纹板轧法说明表。点击“工艺工具栏”中的“组织表”功能键，该织物为单层纹织物，因此在填组织配置表时只需在梭 A1 那一列对应的两个相应颜色的每个对应框中填入组织设置时所使用的两个组织文件名或组织别名即可。设置完毕，单击“存入意匠”，将把设置的内容存入当前的意匠文件中。如图 5-27 所示。

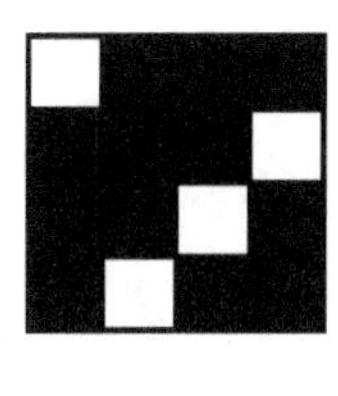

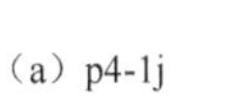

（a）p4-1j

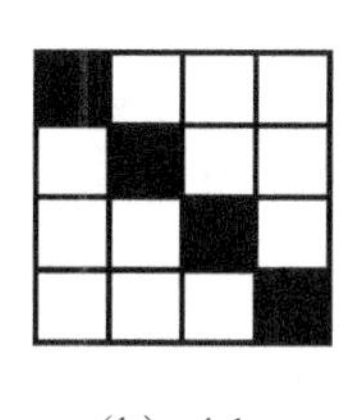

（b）p4-1w

图 5-26　组织设置

	梭A1	梭B1	梭C1	梭D1	梭E1	梭F1	梭G1
1	4-1j	0	0	0	0	0	0
2	4-1w	0	0	0	0	0	0
3	0	0	0	0	0	0	0
4	0	0	0	0	0	0	0
5	0	0	0	0	0	0	0
6	0	0	0	0	0	0	0
7	0	0	0	0	0	0	0

图 5-27　组织表配置

（6）生成、保存投梭　该织物为单层织物，生成投梭文件只需一梭。点击“工艺工具栏”中的“投梭”功能键，在调色板上选择投梭颜色 1[#]色，在意匠区点击一下投梭结束，再点击“投梭”按钮，投梭自动保存，意匠文件上方自动显示投梭信息。

（7）建立纹板样卡　根据电子提花机的型号，可以确定纹板样卡为 16×320 样卡形式，在该样卡上设置：左边针用 8 针，位置为第 193 针~第 196 针、第 205 针~第 208 针；右边针用 8 针，位置为第 4913 针~第 4916 针、第 4925 针~第 4928 针；主纹针 4692 针，位置为第 209 针~第 4900 针，余针安排功能针。样卡设计见图 5-28。

（8）填辅助组织表　点击“辅助针表”对话框，在辅助针表内填入所需要辅助针的组织文件名。辅助针表填好后可直接“存入意匠”或在左边打上辅助针表名称，点击左下方的“存辅助针表”，以便日后读取。

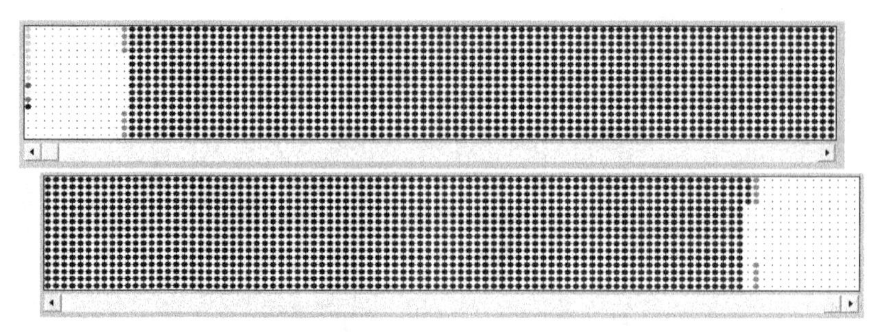

图 5-28 样卡设计

图 5-29 效果模拟（局部）

由于该织物为单层纹织物，辅助针组织表也只需在梭 A1 对应的列填入边组织$\frac{2}{2}$方平组织的代号。

（9）纹板处理（生成纹板） 当组织表设置、辅助针设置完毕、投梭结束、样卡设置成功后，就可以生成关键的纹板文件。纹板处理时可以根据提花龙头的具体型号来选择所要生成的具体织造文件类型。

（10）纹板检查 在织造前，应该打开纹板文件，进行纹板检查，以确保成功。可以有检查纹板、检查纹针、EP 方式检查等多种方式。

（11）效果模拟 选择意匠模拟，局部模拟效果如图 5-29 所示。

【知识拓展】

影光变化组织在大提花织物上的应用

要表现织物黑、白及各种不同灰度的各种颜色，通常采用影光变化组织。影光组织是单层织物经纬线交织产生层次的决定性因素。组织设计时先选用一个纬面组织作为基础组织，再进行影光组织设计，即加强组织点的过程。

按其加强组织点的方向不同可以得到不同的影光形式，如斜向加强、经向（纵向）加强、纬向（横向）加强等。每次增加组织点，经线浮长在上面的比例便增加了，从色彩上看，每次获得的组织比前一组织更显经线的颜色，从而，所有的影光组织从前到后表现出各种从纬线色到经线色的阶梯式变化，称之为颜色层次。以 8 枚为例，分别采用三种加强方式，分别获得带 7 个颜色层次的影光组织，如图 5-30 所示。

组织设计时应注意以下几点。

（1）每次增加的点数，飞数一致，使色阶过渡均匀。

（2）织物密度一般较大，应避免平纹出现，织缩差异大，造成打纬困难。

（3）应避免出现明显斜向的组织。

具体设计过程中，采用哪种加强方法需要与织物经纬线的规格、密度搭配及图像类型结合起来。

如某织物采用白经黑纬，基础组织为 16 枚缎，用纬加强的方法获得纬向加强的影光组织，从纬面 16 枚缎开始，按每隔一纬增加一组织点的原则每次增加经组织点 8 个，则可以获得 29 个层次的影光组织，即从 16 枚纬缎逐渐加强到 16 枚经缎。

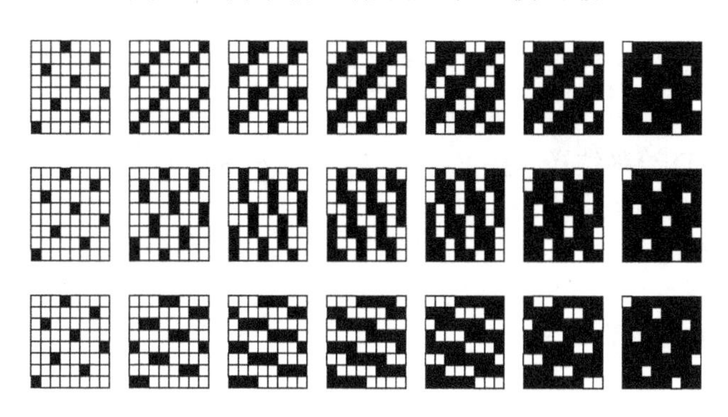

图 5-30 影光组织

【技能训练】

要求进行相关市场调研，以小组形式完成技能训练项目，通过训练，要求能够认识大提花织物的类别并在有一定感性认识，在掌握典型织物的特征的基础上，能够熟练地利用纹织 CAD 软件对床品、台布类织物进行分析和设计。

1. 认识提花织物，识别床品、台布等

进行市场调研和搜集资料，尝试通过感官体验织物样品的特征和性能，正确区分不同类型织物。要求市场调研各类生活用家纺织品，如床品、台布、窗帘、沙发布、毛巾等，分组观察各类面料特征，将不同的纺织品按合理的分类方法进行分类，完成市场调研，并使用 PPT 分组汇报分类的依据。

2. 床品台布类面料分析设计

（1）根据提供的织物样品，进行正反面、经纬向鉴别。
（2）原料成分、线密度测定。
（3）经纬密测定、组织分析。
（4）原料规格参数的分析并填写织物规格单，填写分析表格（表 5-5）。
（5）运用 CAD 软件的绘图工具栏临摹一床品或台布的纹样图案。

表 5-5 提花织物面料分析

<table>
<tr><td>样品名称</td><td></td><td>用途</td><td colspan="2"></td></tr>
<tr><td>样品外幅/cm</td><td></td><td>每花长×宽/cm×cm</td><td colspan="2"></td></tr>
<tr><td>样品内幅/cm</td><td></td><td>全幅花数</td><td colspan="2"></td></tr>
<tr><td rowspan="3">色经排列</td><td></td><td>一花经纱根数</td><td colspan="2"></td></tr>
<tr><td></td><td>内经根数</td><td colspan="2"></td></tr>
<tr><td></td><td>全幅总经根数</td><td colspan="2"></td></tr>
<tr><td rowspan="3">色纬排列</td><td></td><td>边纱根数</td><td colspan="2"></td></tr>
<tr><td></td><td rowspan="6">织物组织</td><td>地部</td><td></td></tr>
<tr><td></td><td rowspan="4">花部</td><td rowspan="2"></td></tr>
<tr><td>经纱织缩率 a_j</td><td></td></tr>
<tr><td>纬纱织缩率 a_w</td><td></td><td></td></tr>
<tr><td>经密/（根/10cm）</td><td></td><td></td></tr>
<tr><td>纬密/（根/10cm）</td><td></td><td>边部</td><td></td></tr>
</table>

3. 产品设计

（1）确定要设计的提花品种的规格（表 5-6）。

（2）纹样设计。

① 采用纹织 CAD 绘制纹样，指出纹样布局、结构和特点。

② 一花花纹循环的宽度和长度。

（3）装造工艺设计。

① 确定装造类型。

② 纹针数计算和样卡设计。

③ 通丝计算。

（4）意匠设计。

① 织物小样参数输入。

② 意匠勾边、设色、设置组织。

③ 投梭。

④ 填组织配置表。

⑤ 选择纹板样卡和辅助针表设计。

⑥ 生成纹板和检查纹板。

⑦ 织物效果模拟。

表 5-6 提花面料产品设计工艺规格表

品种：

成品规格	外幅/cm		经纱组合	甲		装造设计	提花龙头			
	内幅/cm			乙			装造类型			
	精密/（根/10cm）			丙			纹针数			
	纬密/（根/10cm）						目板行列数			
	总经根数		纬纱组合	甲			目板穿法			
	匹长/m			乙			全幅花数			
	一花长度/cm			丙			通丝把数			
	一花宽度/cm						每把通丝数			
坯布规格	外幅/cm					意匠设计	小样参数			
	内幅/cm						勾边			
	精密/（根/10cm）						设色			
	纬密/（根/10cm）						投梭			
	匹长/m						组织配置		组织	命名
								地部		
	一花长度/cm							花部组织		
	一花宽度/cm									
织造规格	筘幅/cm									
	筘号/（齿/10cm）									
	布身穿入数									
	布边穿入数									
	内经丝数									
	边经根数							边组织		
织造机械										
工艺流程	经纱									
	纬纱									
后整理										

项目六　提花丝绸分析与设计

【任务目标】

(1) 通过对丝绸织物样品的观察、接触，增加对织物的感性认识，了解典型织物的特征和分类，学会分类与辨析。

(2) 能够借助织物分析工具，熟练、正确地分析各类丝绸织物。

(3) 能够按要求填写织物分析报告。

(4) 能够在有一定感性认识的基础上，利用 CAD 软件设计丝绸类织物的花型并进行工艺处理；掌握工艺计算的方法。

【知识准备】

(1) 通过市场调研、观察、认识实物面料，取得丝绸产品的感性认识。

(2) 能够借助织物分析工具，熟练、正确地分析提花丝绸的组织结构、规格等。

(3) 对观察的织物进行分类，归纳其特点，能够按要求填写织物分析报告。

(4) 熟悉纹织 CAD 软件的应用。

任务一　认知提花丝绸

一、丝绸织物分类

丝织物是以天然丝和化学纤维长丝等为主要原料的纺织品。

(1) 按原料分　通常分为真丝类、合纤类、绢丝类、柞蚕丝类、再生纤维素纤维类、交织类丝织物。

丝织物的原料主要以桑蚕丝和黏胶丝为主，也可用涤纶长丝及棉、黏纤、绢丝等短纤维纱线。经纬原料可选用同一种如桑蚕丝，也有许多产品选用不同原料进行交织而获得特殊效果。

(2) 按织物风格特征分　分为纱类、罗类、绫类、绢类、纺类、绡类、绉类、锦类、缎类、绨类、葛类、呢类、绒类、绸类 14 大类，并进一步细分为 34 小类。

(3) 按染整工艺分　分为生织（全练织物）、熟织（先练织物）和半熟织物（半练织物）。通常把织物织后需经精练、染色、印花、整理加工后成为成品的即为生织物，如乔其纱、素绉缎等；而采用经过练染脱胶的丝线织成的、织后不再需染色加工的为熟织物，如塔夫绸、织锦缎等，其织物晶莹光润、 轻盈柔软、华贵飘逸；部分经纬丝先经过染色，织成后再经练染或整理加工所形成的丝织物称为半熟织物，如天香绢、修花绢等。

（4）按照用途分　随着现代经济的发展，丝织物的应用领域得到了很大的扩展，可分为服装用丝织物（如各类服装、围巾、头巾、领带、鞋帽等）、装饰方面的用绸（裱画、书封、提包、旅游商品、包装、床品、靠垫、婚庆用品等）、工业丝织物（色带等）、保健丝织物（真丝人造血管、人工皮等）。

二、提花丝绸织物纹样

提花丝绸织物纹样的内容题材十分广泛，织物密度高，通常要求纹样精致细腻，因此往往使用工笔的写实画法来表现织物图案。按图案表现出来的对象来分类，主要有自然对象图案纹样、几何图案纹样、民族纹样、文字纹样和器物造型图案等。

（1）自然对象图案纹样　纹样中有各种亭台楼阁、风景以及人物等，纹样往往包括经典人物或者寄托着美好愿望的人物，如百子图等。

包括花鸟鱼虫纹样（图 6-1）、山水纹样（图 6-2）、人物风景纹样（图 6-3）。

图 6-1　花鸟鱼虫纹样

图 6-2　山水纹样

图 6-3　人物风景纹样

（2）几何图案纹样　见图 6-4。

（3）民族纹样。

（4）文字纹样　见图 6-5。

图 6-4　几何图案纹样

（5）器物造型图案　见图 6-6。

图 6-5　文字纹样

图 6-6　器物造型纹样

三、提花丝绸织物组织

（1）单层组织　单层织物由于是由一组经、纬纱线构成，织物质地轻薄但花纹变化较少。主要产品有平纹地织物如花富纺、花塔夫绸、华明葛等；斜纹地纹织物如九霞缎、描春绉、和服绸等；缎纹地纹织物如金波缎、梅林绸等。

（2）重纬组织　重纬组织织物是丝绸提花织物的大类品种，由于重纬织物可根据花纹色彩的要求而随意换纬纱，所以在熟织或半熟织的纹织物中应用相当广泛。它运用经纬原料、组织和色彩的变化，使织物表面呈现出多种层次和色彩的花纹，绸面绚丽多彩，精细华美。重纬织物中纬纱组数多，组织层次和色彩变化丰富，织物厚度较厚，花纹厚度和立体感较好。其主要产品有纬二重织物如金玉缎、天香绢、花软缎等；纬三重纹织物如织锦缎、古香缎等。

（3）重经组织　重经组织织物中有两组或两组以上的经纱与一组纬纱交织，有的产品中纹经在整个布幅均匀排列，有的呈间隔排列。重经产品一般采用双造或多造上机。其主要产品有留香绉、采芝绫等。

（4）双层或多层组织　采用两组经纱和两组纬纱按纹样和意匠设计进行交织，形成双层织物。双层提花织物在经纬纱的配置、织物组织的选择上更加灵活，织物的外观也更加丰富多彩。当采用两组以上的经纬纱线交织时，生成多层织物。

在双层组织织物中，经纬纱可采用不同颜色、不同原料、不同特数及结构等，配合组织搭配出各种色彩，从而表现出复杂的色彩和图案。双层织物的上下两层既可以连接在一起，也可以彼此分开。利用这一特性，可选择不同性能的原料和不同的密度作织物的上、下层，织物下机后经处理可获得不同收缩的高花效应。在双层织物的设计中若采用不同的表、里组织，则获得双面风格的织物。

双层丝绸提花织物的主要产品有香岛绉、冠乐绉、金星葛等。

（5）起绒组织织物　起绒组织织物的地部或花部具有均匀紧密的绒毛或绒圈，织物丰满厚实，弹性强，有浮雕感。根据起绒的纱线不同可分为经起毛和纬起毛两种。其主要产品有光明绒、鸳鸯绒等。

四、认识重纬大提花织物

1. 重纬大提花织物特点

重纬大提花织物是指由一组经纱与多组纬纱重叠交织而成的复杂大提花织物，有纬二重、纬三重、纬四重结构。纬重的结构越多，则纹织物的组织层次和色彩的变化就越多，并且纬纱的重叠结构，使花纹部分有了背衬的纬纱，从而增加了花纹牢度和立体感。重纬大提花织物的品种和花色变化在大提花织物中最丰富，因此重纬大提花织物在装饰大提花织物中得到广泛的运用。

2. 重纬大提花织物设计要点

（1）纹样和组织设计　重纬装饰大提花织物的纹样常用的题材有花草、动物的变形图案和抽象的几何纹理图案。在纹样用色上，以一组经色与几组纬色的混合色为基准，配合组织结构的变化，确定所需使用的套色数。在纹样的排列布局上以满地、混满地和自由排列的花样为主，应避免出现连续的纵横条纹及过碎、过细的花纹。

重纬大提花织物主要是运用纬纱起花纹，要想使花地分明，地部一般以经面组织和平纹组织为主，经纱一般选用较细的纱线，这样可以使地部细腻紧密，更加衬托出纬花的效果，纬纱由于要用来显示花纹，一般选用条干均匀且色泽鲜艳的纱线。当重纬织物的纬重数达到四纬以上时，通常另外选用一组接结经来固接在织物背面起背衬的纬纱，接结经一般选用坚牢而细的纱线，这样就能够使接结点不会漏色于织物的表面。根据纬浮长比较长的色纱会浮在表层的原理，在设计花、地的基础组织时，一般要求表组织是纬面组织，里组织是经面组织，或者表、里的组织都是纬面组织，但里纬组织的枚数要小于表纬组织的枚数。当表组织为平纹组织时，必须选择经面组织作为里组织，当表组织为经面组织时，必须选择经浮长比表组织的经浮长更长的经面组织作为里组织，表纬的经组织点要和里纬的经点重叠，这样才能不"露底"。如果表里纬纱互不重叠，将得到闪色效应。

（2）抛梭的变化设计　重纬装饰大提花织物通过纬纱的投梭的变化处理来表现织物织纹的变化层次和色彩丰富性，纬纱可以由抛梭的方式进行设计变化处理。纬纱的抛梭变化方式有常抛、换道、抛道三种。

常抛变化是大提花织物各组纬纱轮流按比例的投入，当一组纬在正面起花时，不起花的纬纱在背面与经纱做有规律的接结，这种形式是通过纬纱的表里交换来实现大提花织物表面的图案和色彩的变化。

换道变化是在现有的纬重结构基础上，根据品种设计的需要变化某一重纬纱（或纬纱颜色)，但大提花织物纬重数仍然不变。换道变化首先要根据大提花织物的整体效果确定需要进行变化的纬重，还需编制明确的投梭表，用于投梭控制。

抛道变化与换道的区别在于织造时大提花织物原有的纬重数是否增加，能使大提花织物局部原有纬重数增加的变化形式称为"抛道"。如纬二重织物的抛道变化是在织物的局部增加一重纬，也就是局部变成了纬三重结构，抛道变化能使大提花织物表面形成丰富的色彩效果。

大提花织物在抛梭过程中，可使投入的某一彩纬在大提花织物不起花部分沉在背面与经纱作稀疏的接结，不构成长浮纱，彩纬的投入没有一定规律，投入的色号根据花纹的需要而定；也可使某一彩纬在大提花织物不起花部分沉在背面不与经纱接结，而是形成浮长纱，浮长纱下机后沿花纹边缘剪掉。为了使起花的彩纬在修剪后不至脱落，在花纹的边缘应由平纹包边。

大提花织物抛梭变化可在纹织 CAD 系统中完成，在抛道变化设计的选纬信号上要增加一个"停撬"信号，"停撬"表示在投入该纬时，织机的卷纬机构停止工作，纬密增加。

3. 重纬大提花织物装造和意匠特点

重纬大提花织物只有一组经纱，装造方式目前一般采用单造。

重纬大提花织物意匠处理现在都采用纹织 CAD 系统中，经过纹样输入、纹样修改、意匠处理后，再进行必要的意匠色勾边和间丝。重纬织物意匠图中的每一纵格根据织机的装造表示一根或多根经纱。如用普通装造织造时，重纬大提花织物意匠图中一个纵格代表一根纹针及其所控制的一根或数根经纱，每一横格表示与纬重数相当的纬纱(如果在纹织 CAD 中按展开的做法做时，则每一横格只表示一根纬纱)。

在各类重纬大提花织物的意匠图中，间丝点都为经间丝点，主要起着压纬浮长（即为"顾纬不顾经"）、增加大提花织物的层次和装饰性的作用。

和重经大提花织物相比，重纬大提花织物纬密高，生产效率不如重经大提花织物。但重纬大提花织物改换花色与品种方便迅速，一般不用更改装造，故历来重纬大提花织物品种繁多，能年年推陈出新。

任务二　提花丝绸实物分析

一、取样

对于大提花丝绸织物，因其纱线细、花纹循环大，因此经纬纱循环数很大，一般需根据特征找出涵盖具有代表性组织结构的范围，然后进行取样。

提花丝绸织物在选取代表性组织结构时有很多值得注意的地方，譬如有些丝绸织物（如织锦缎）为使花色绚丽多彩，通常有一组纬纱使用多种颜色进行更换，但其实组织结构没有变化，属于同一种组织结构；还有些丝绸织物同一颜色的纬纱浮长较长，采用不同的花切间丝或活切间丝，也可以认为是同一种组织，间丝可以在意匠编辑时进行处理。丝绸织物品种繁多，组织变化也很多，需仔细观察找出其代表性组织，取样时需根据具体情况灵活确定范围。

二、确定织物的正反面

丝绸织物正反面特征明显，比较容易鉴别。

（1）织物纹路突出和饱满的为正面，织物纹路不清的为反面。

（2）织物地纹显经面组织的通常为正面，织物地纹显纬面组织的通常为反面（领带织物属于小批量产品，为了达到底纹颜色多变的目的，织物地纹正面一般使用显纬面组织）。

练一练　提花丝绸正反面分析

丝绸类织物地部一般为经面缎纹类组织，花部以不同纬纱交替与经纱形成色彩丰富的二重组织为主，样品的一面地部细洁，显现经面纹路，花部颜色丰富，部分区域纬浮长较长，层次错落，手感丰满。而另一面平坦，不突出，织物层次较少、花纹颜色暗淡，故判定细洁、颜色丰富的一面为织物的正面，如图6-7所示。

（1）样品正面效果

（2）样品反面效果

图6-7　样品正反面

三、确定织物的经纬向

提花丝绸经纬方向鉴别的方法一般有如下几种。

（1）当样品有布边时，则与布边平行的纱线为经向，与布边垂直的纱线为纬向。

（2）一般丝绸织物遵循经细纬粗、经密纬疏的原则。

（3）丝线条份细的为经线，丝线条份粗的为纬线。

（4）丝线条份加捻捻度大的为经线，丝线条份不加捻（捻度小）的为纬线。

（5）丝线条干上附着浆料的为经线，没有附着浆料的为纬线。

（6）纱线颜色变化较多的那个方向往往为纬向。

由于织物的品种繁多，织物的结构与性能也各不相同，故在分析时，还应根据具体情况进行确定。

练一练 提花丝绸经纬向分析

可从以下几方面分析。

① 观察样品布边，布边方向为经向；

② 提花丝绸往往经细纬粗、经密纬疏，纱线较细、密度较大的那个方向为经向；

③ 观察两个方向纱线的颜色变化，颜色变化多的方向一般为纬向。

四、辨认和分析经纬纱原料

丝绸织物经纬原料的辨认和分析除了常规的原料成分的分析、细度的辨认，还要分析原料的加工工艺，包括分析研究经纬线是由几根丝线并合而成的，是否上浆，是否加捻（捻度和捻向）等。

五、测算经纬纱密度

丝绸织物纱线较细、密度大，通常用间接测定法比较方便。运用间接测定法可结合织物组织分析法和反面观察分析法来快速准确地确定。

对于纬（经）重组织，纬（经）密的测定还可以先测出其中一种纬（经）纱的密度，然后根据纬（经）纱的排列比进行计算来快速测定纬（经）密。

练一练 提花丝绸原料、线密度、密度分析

通过手感目测法、燃烧法和化学溶解法等确定该丝绸织物经纱为涤纶，纬纱为黏胶丝；通过重量测长度或比较法等确定该床品经纱为 60 旦涤纶长丝，纬纱为 120 旦黏胶丝；在分析样品的不同部位借助密度镜（照布镜）和钢尺，以及借助织物组织规律、反面观察分析法来进行测量或分析测算织物经纬密，测量 3~4 次，取其平均值，得出 P_j= 1300 根/10cm，P_w= 825 根/10cm ；织造缩率 a_j= 6.1%，a_w= 3.4%。

六、分析织物组织

提花丝绸织物结构往往比较复杂，分析提花丝绸织物的结构首先观察其织物是由几根经线和几根纬线交织而成的，并根据经纬线交织状况来判断是单经单纬、单经双纬、单经三纬还是双经单纬、双经双纬等织物的结构，分析该织物是属于单层、重纬、重经等组织中的哪一种，从而确定该提花丝绸织物的组织类型。

练一练 提花丝绸织物组织分析

① 观察样品，根据经纬线交织状况判断样品是单经双纬的织物结构，纬纱有两种颜色，黑色和黄色，分析该织物是属于纬二重提花织物，纬纱排列比为1∶2。

② 提花丝绸产品经向密度高、纱线线密度小，细长丝织成的紧密织物，故在分析地部经面缎纹效应的组织时，织物反面的经浮点容易看清并计数，因此完全可以采用反面分析法。可分别分析出两种纬纱与经纱的交织规律，按照排列比组合在一起[图 6-8（a）]。

③ 观察花部，分别显色为黄色和黑色。

黄色有2个组织层次，一种是黄色纬浮长花，黑纬背衬，上面有局部区域铺了不同类型的间丝点。这时只需分析黑纬与经纱交织规律，黄纬与经纱交织都可认为全部为纬组织点。而铺了不同类型的间丝点的区域只与后续意匠处理有关，与组织配置无关。

然后注意观察间丝点的类别，部分活切，部分花切，以及测定间丝点的最大间丝浮长，为54，这将在纹织CAD意匠编辑时进行处理。先找出该色纬浮长超过56（54+2）的区域，然后根据观察到的实际间丝类型绘制间丝点，排笔距设为56，间丝点组织设为经组织点。

还有一种黄色花为黄纬与经纱按一定规律交织，黑纬按一定规律背衬。分别分析黄纬、黑纬与经纱交织规律：黄纬与经纱按照28枚加强缎纹交织，黑纬与经纱交织成8/3经面缎纹交织，黑纬与黄纬排列比为1∶2[图 6-8（c）]，一个完全组织循环为 168×56。

黑色也有 2 个组织层次，一种是黑色纬浮长花，黄纬背衬，上面也有局部区域铺了不同类型的间丝点，同样只需分析黄纬与经纱交织规律，黑纬与经纱交织都可认为全部为纬组织点。

然后注意观察间丝点的类别，平切间丝，测定间丝点的最大间丝浮长，为26，将在纹织CAD意匠编辑时进行处理。先找出该色纬浮长超过28（26+2）的区域，然后根据观察到的实际间丝类型绘制间丝点，排笔距设为28，间丝点组织设为经组织点。

还有一种黑色花为黑纬与经纱按一定规律交织，黄纬按一定规律背衬。分别分析黄纬、黑纬与经纱交织规律，然后按照排列比组合在一起。局部组织图见黑纬纬花2，一个完全组织循环为224×112。见图 6-8。

该组织组合后循环大，适宜采用意匠不展开方式处理意匠。

（a）地部组织
黄纬与经纱16枚经缎交织
黑纬与经纱8枚缎纹交织

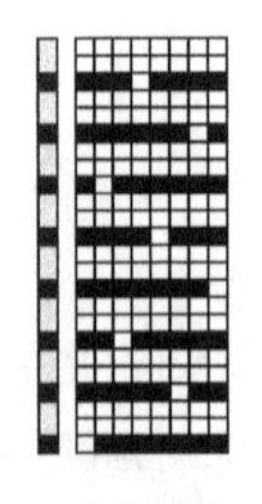

（b）黄纬纬花1
黄纬纬浮长
背衬黑纬8枚缎纹

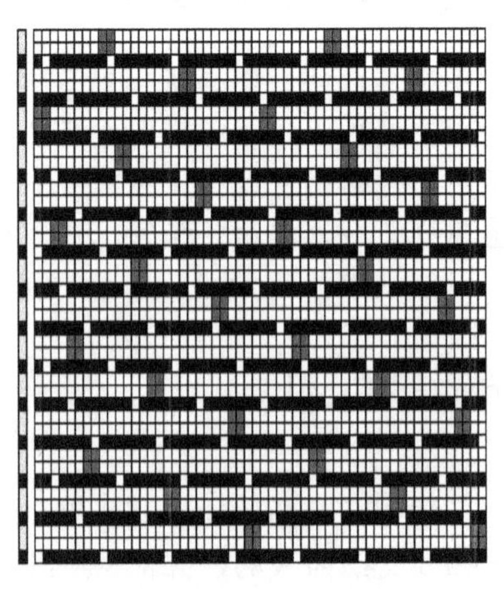

（c）黄纬纬花2
黄纬与经纱交织28枚纬缎
背衬黑纬8枚缎纹

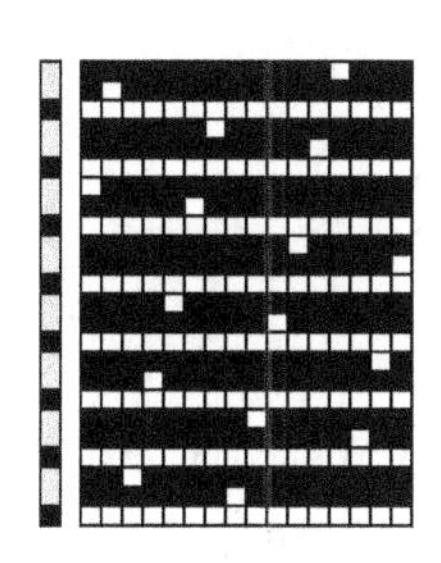

（d）黑纬纬花 1
黑纬纬浮长
背衬黄纬 16 枚缎纹

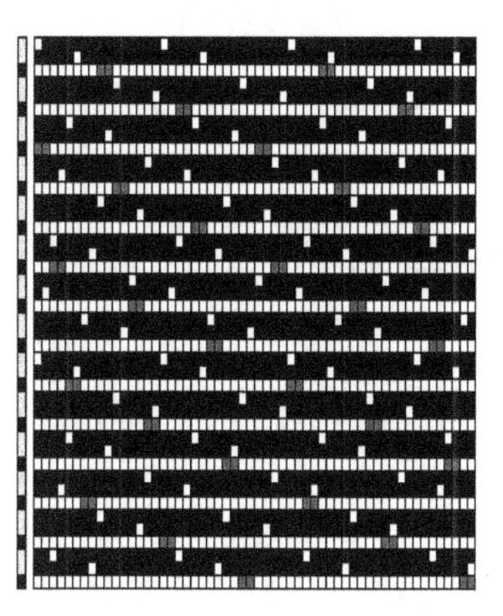

（e）黑纬纬花 2
黑纬与经纱交织 28 枚纬缎
背衬黄纬 16 枚缎纹

图 6-8 样品组织

七、测量全幅花数、每花长度和宽度

观察样品，测量外幅为 74cm，布边各 128×2 根、1cm，内幅 72cm；找出织物一个花纹循环大小并测量尺寸，从而可得全幅花数和总经根数。

测得样品一花循环长度为 25cm，宽度为 18cm；根据经纬密度和花纹循环的长度和宽度，计算一花循环的经纬纱根数。一花循环内的经纱数为 18×130=2340，纬纱数为 25×82.4=2060；内经根数为 72×130=9360 根。边部组织同地部组织，为素边，素边根数为 128×2 根，则总经根数为 9616 根。

记录分析结果，完成织物分析表格填写，见表 6-1。

表 6-1 提花丝绸面料分析表

<table>
<tr><td colspan="5">提花织物面料分析</td></tr>
<tr><td>样品名称</td><td>提花丝绸</td><td>用途</td><td colspan="2">服装</td></tr>
<tr><td>样品外幅/cm</td><td>74</td><td>每花长×宽/cm×cm</td><td colspan="2">25×18</td></tr>
<tr><td>样品内幅/cm</td><td>72</td><td>全幅花数</td><td colspan="2">4</td></tr>
<tr><td rowspan="3">色经排列</td><td>60D 条纶长丝红色</td><td>一花经纱根数</td><td colspan="2">2340</td></tr>
<tr><td rowspan="2"></td><td>内经根数</td><td colspan="2">9360</td></tr>
<tr><td>全幅总经根数</td><td colspan="2">9616</td></tr>
<tr><td rowspan="3">色纬排列</td><td>120 旦黏胶长丝
黑色：黄色=1：2</td><td>边纱根数</td><td colspan="2">128×2</td></tr>
<tr><td rowspan="2"></td><td rowspan="6">织物组织</td><td>地部</td><td>黄黑纬组合经缎</td></tr>
<tr><td rowspan="4">花部</td><td>黄纬纬花 1、2</td></tr>
<tr><td>经纱织缩率 a_{j}</td><td>6%</td><td rowspan="2">黑纬纬花 1、2</td></tr>
<tr><td>纬纱织缩率 a_{w}</td><td>3.4%</td></tr>
<tr><td>经密/（根/10cm）</td><td>1300</td><td></td></tr>
<tr><td>纬密/（根/10cm）</td><td>825</td><td>素边</td><td>黄黑纬组合经缎</td></tr>
</table>

八、纹织 CAD 绘制样品纹样

练一练 提花丝绸 CAD 绘制

① 在编辑意匠时需要向纹织 CAD 系统输入一些规格参数，样品织物的经密、表纬纬密分别输入 130 根/cm、41.2 根/cm ；一花循环内的经纱数和表纬纬纱数分别输入 2340 根、1030 根;

② 经组织分析，样品组织分别共有 5 个，因此意匠设色分别设为 5 色。

③ 该织物组织循环大，意匠处理宜采用不展开方式，意匠勾边可采用自由勾边。

④ 利用纹织 CAD 软件绘图工具栏或其他绘图软件绘制纹样，也可将扫描好的纹样导入纹织 CAD 中并进一步进行调整修饰、分色、去杂等编辑处理完成一个完整花纹循环的绘制，见图 6-9。

图 6-9 样品纹样

任务三 提花丝绸产品设计

设计品种为纬二重真丝织锦缎。本产品以桑蚕丝为原料，是熟织的锦缎提花织物，采用单经双纬的纬二重结构，质地细腻光洁，手感丰满柔滑，富有弹性（图 6-10）。

地部组织为甲乙纬组合经面缎纹，系单层结构；花部为纬二重结构，当一组纬线起花时，另一组纬线与经线交织成背衬组织。基础组织采用 6 枚、12 枚、16 枚变则缎纹，层次错落，混满地布局，整个图案分布均匀。适合制作高档家纺面料、高档服装等。

一、产品规格设计

1. 成品规格

该真丝锦缎采用 20/22df6S250×2Z150、 20/22df1Z800×6S700 桑蚕丝为经、纬纱原料，

成品幅宽为148cm，内幅为146cm，成品的经纬纱密度 P_j 及 P_w 分别为722根/10cm、510根/10cm。

初算内经根数=成品经密×成品幅宽/10=146×722/10=10541根，　布边取64×2=128根

则初算总经根数=内经根数+边经根数=10541+128=10669根

实际总经根数与地部、花部组织循环数、每筘穿入数等密切相关。因此，实际的总经根数需待有关参数确定后再修正。

图6-10　提花丝绸纹样

2. 坯布规格

该织物为熟织织物，产品后整理经过落水整理，一般是清水拉，基本不会有变化，因此坯布规格与成品规格基本相同。

3. 上机规格

本产品布身布边每筘穿入数均为4，根据同类产品生产经验，纬纱织缩率取2.4%。

$$筘号=\frac{坯布经密\times(1-纬纱织缩率)}{每筘穿入数}$$

$$=\frac{坯布经密\times(1-纬纱织缩率)}{每筘穿入数}=\frac{722\times(1-2.4\%)}{4}=176.2\text{（齿/10cm）}$$，选用176齿/10cm

$$筘幅=\frac{坯布幅宽}{(1-织缩率)}=\frac{148}{(1-2.4\%)}=151.6\text{（cm）}$$

4. 组织与纹样

该纹样取材于变形花卉，四方连续，混地布局，整个图案分布均匀，如图6-10所示。纹样宽高分别是36.5cm和34cm。花部为纬二重结构，当一组纬线起花时，另一组纬线与经线交织成背衬组织。基础组织采用6枚、12枚、16枚变则缎纹，层次错落，组织图如图6-11所示。

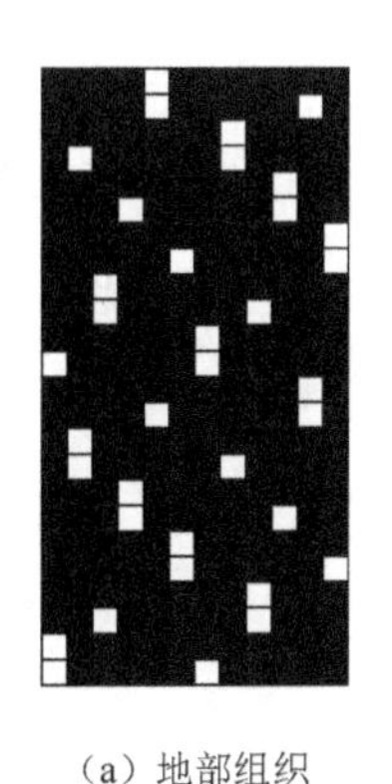

（a）地部组织
甲纬与经纱组成6枚变则缎纹，
乙纬与经纱组成12枚变则缎纹

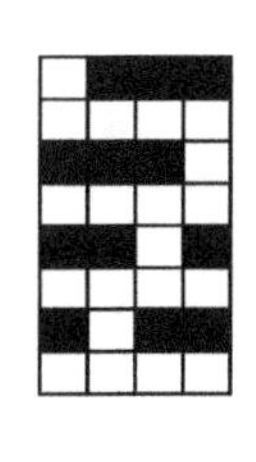

（b）花部1
甲纬纬花，
背衬乙纬四枚斜纹

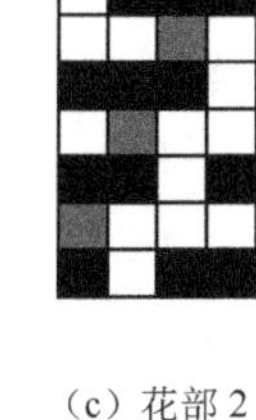

（c）花部2
乙纬纬花，
甲纬背衬四枚斜纹

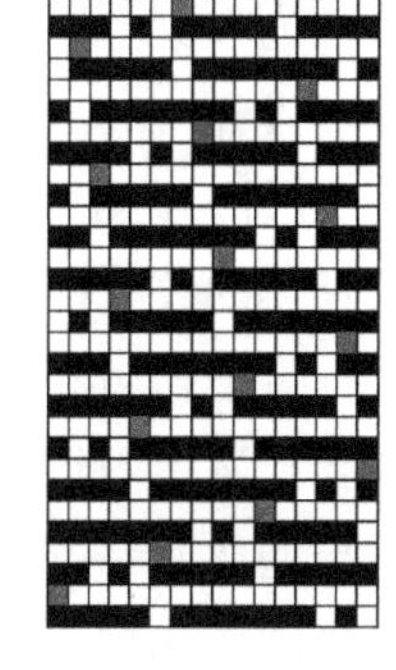

（d）花部3
乙纬纬花，
甲纬背衬16枚变则缎纹

图6-11　提花丝绸组织设计

全幅织 4 个花纹循环，每花的宽度 $= \frac{内幅}{花数} = \frac{146}{4}$=36.5cm，长度定为 34cm。

5. 花纹循环纱线数及经纱排列

一花循环经纱数=经密×纹样宽度/10=722×36.5/10=2635 根

一花循环经纱数应修正为筘入数、地部组织、花部组织循环 4、12、16 的整倍数，修正为 2640 针。

本例布边选用 $\frac{8}{3}$ 经面缎纹组织，两边各 64 根，共计 128 根，每筘穿入 4 根。

该纬二重真丝锦缎织物主要规格和参数列于表 6-2 中。

表 6-2 真丝织锦缎织物主要规格

成品外幅/cm	148	每花长×宽/cm×cm	36.5×34
成品内幅/cm	146	全幅花数	4
经密/(根/10cm)	722	筘号/（齿/10cm）	176
纬密/(根/10cm)	510	筘入数	4
经纱组合	20/22df6S250×2Z150	筘幅/cm	151．6
纬纱组合	20/22df1Z800×6S700	总经根数	10688
地部组织	甲乙纬组合经缎	内经根数	10560
花部组织	甲纬纬花、乙纬纬花		

二、装造工艺设计

（1）正反织确定 本例采用 Staubli 的 LX1600 型提花龙头，采用单造单把吊（普通装造），采用正织。

（2）纹针数计算 纹针数的确定可考虑企业的实际装造情况，为减少品种上机试织成本，企业为了便于更换品种，往往利用统一装造适应更多花型品种的实际生产。所以根据企业原有的装造条件，本设计采用两花当做一花装造，因此纹针数可选用：

纹针数=花纹循环经纱数×2=2640×2 = 5280 针

边部为 8/3 经面缎纹组织，需边针 16 针。

样卡设计：LX1600 型 6144 针电子提花机的纹针共有 16 列、384 行，需用纹针 5280 针；边针用 16 针，在纹板样卡上前后平均分布（每个边针吊 8 根通丝，边组织为 8/3 经面缎纹组织）。具体的纹板样卡可利用纹织 CAD 进行设计。

（3）通丝把数和每把通丝数

通丝把数=纹针数=5280 把

每把通丝数=花数=2

织机通丝总根数=通丝把数×每把通丝数=5280×2=10560 根

（4）目板计算与穿法

目板总宽度取大于筘幅 2cm，取 151.6cm。目板选用 16 列。

目板总行数 $= \frac{内经纱数}{目板列数} = \frac{10560}{16}$=660（行）

$$每花实穿行数=\frac{一花经纱数}{目板列数}=\frac{5280}{16}=330（行）$$

没有多余的行列数可供空余。

$$目板行密=\frac{目板总行数}{目板穿幅}=\frac{660}{151.6}=4.3\ 行/cm$$

目板穿法为顺穿，如图6-12所示。

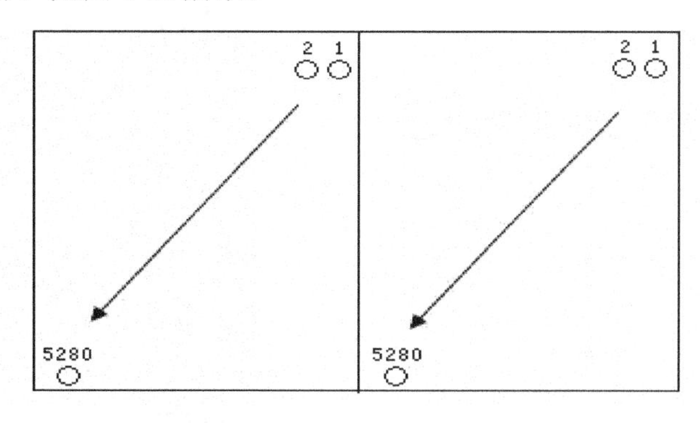

图6-12　提花丝绸纹样目板穿法

三、纹织CAD意匠编辑与工艺处理

在纹织CAD系统中编辑意匠图时，对于纬向是两个系统纱线组成的组织（纬二重组织织物和双层组织织物），往往可以有两种方式进行意匠处理：意匠不扩展方式和意匠扩展方式。

这两种方式不同点主要在于投梭、组织表和辅助针表的设置。

1. 意匠不扩展

（1）意匠设置

规格参数输入：

织物的经密 ＝72.2根/cm

织物的表纬纬密 ＝25.5根/cm

纵格数 ＝ 纹针数 ＝5280根

横格数 ＝ 纹样长×表纬纬密 ＝34×255/10＝867（根）

修正为地部组织、花部组织循环4、12、16的整倍数，取864根。

新建意匠文件，设置意匠的一些参数，将上述数据以图6-13的形式输入纹织CAD，可对意匠图大小和规格进行设置，此时，一个意匠横格代表2根纬纱。在意匠格内绘制2个花纹循环，绘制好意匠文件后保存。

（2）意匠设色　该织物有4种组织：地部为甲、乙纬与经纱组成经面缎纹，花部1为甲纬纬花，背衬乙纬四枚斜纹，花部2为乙纬纬花，甲纬背衬，浮长较长处需点间丝，花部3为乙纬纬花，背衬甲纬16枚变则缎纹。

本意匠可先设置成4种颜色。将地部组织设置成1#色，将花部组织1、2、3依次设置成2#、3#、4#色。

（3）意匠勾边　该织物采用纬二重组织，用电子提花机单造单把吊织造，采用不展开方式，可采用自由勾边的方式。

部分意匠图见图6-14。

图6-13　意匠输入

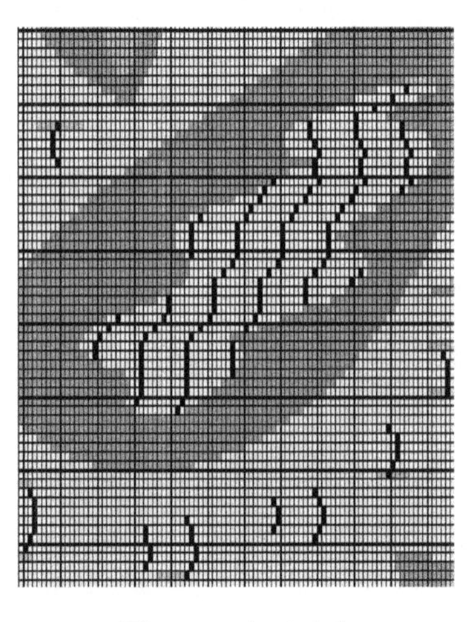

图6-14　意匠片段

（4）织物组织设置　由于采用意匠不展开方式，该织物有两纬，因此需将原组织图包括边组织根据投梭分解。分解后有9个组织类型，可分别设定组织代号并存入组织库，见图6-15。

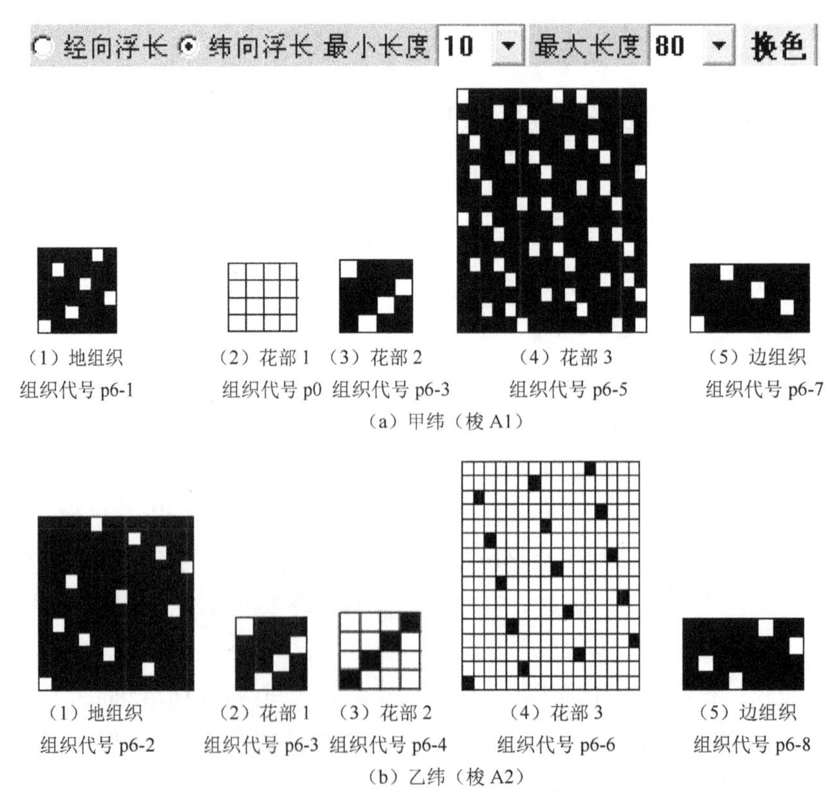

图6-15　组织设置

（5）点间丝

① 找出点间丝区域：花部 1 组织是甲纬纬花，背衬乙纬四枚斜纹，有些地方浮线短，不需点间丝，但有些地方浮线过长，需要点间丝。为了区分明显，把大于等于 20 的纬浮线查找出来后换成 5#色，在 5#色上点间丝，间丝的排笔距为 20，所以这个颜色纬线最大浮长为 19。

点击“工艺工具栏”中的“  ”浮长功能键，选中纬向浮长选项，最小浮长设为 10，最大浮长可大概设为 80，在需要检查的颜色 2#色上点击，这时在沿着经向大于等于 20 的纬浮线的地方就会出现特殊的颜色，这时将前景色设为 5#色，点击换色按钮即可更换这些地方的颜色。

② 设定参数、间丝，设置间丝组织：花部 1 组织为纬二重组织，为甲纬纬花，背衬乙纬四枚斜纹，间丝的目的主要是切断甲纬上过长的纬浮长，在甲纬处的间丝规律应该全部是经组织点。同时，由于乙纬组织的单起点上部分是纬组织点，部分是经组织点，而双起点上则全部为经组织点，为使间丝的规律不影响乙纬上的规律，故该例间丝点应选择落在双起点上，并且投乙纬时间丝点的规律设为经组织点。

点击“工艺工具栏”中的“  ”间丝功能键，选择“双起”“画点”选项，排笔距设为 20，将当前色设为 6#色，在 5#色区域内点间丝。

则意匠图上共显示 6 色，其中 5#色与 2#色规律相同，6#色是间丝点，规律是甲纬和乙纬全部是经组织点，组织代号系统默认为“1”，这在组织表设置时需输入。

○单起 ⦿双起 ○随意间丝 ⦿画点 ○画线 排笔距 12

（6）组织表配置　点击“工艺工具栏”中的“组织表”功能键，该织物为纬二重纹织物，因此在填组织配置表时需在梭 A1 和梭 B1 两列对应的六个相应颜色的每个对应框中分别填入组织设置时所使用的组织文件名或组织别名即可。设置完毕，单击“存入意匠”，将把设置的内容存入当前的意匠文件中。

如图 6-16 所示，将所设置的每一种组织的代号分别填入组织表。将每种颜色对应的两种组织分别填入甲纬（梭 A1）和乙纬（梭 A2）之中。

	梭A1	梭A2	梭B1	梭B2	梭C1	梭C2	梭D1	梭D2	梭E1	梭E2	梭F1	梭F2
1	6-1	6-2	0	0	0	0	0	0	0	0	0	0
2	0	6-3	0	0	0	0	0	0	0	0	0	0
3	6-3	6-4	0	0	0	0	0	0	0	0	0	0
4	6-5	6-6	0	0	0	0	0	0	0	0	0	0
5	0	6-3	0	0	0	0	0	0	0	0	0	0
6	1	1	0	0	0	0	0	0	0	0	0	0
7	0	0	0	0	0	0	0	0	0	0	0	0

图 6-16　组织表配置

（7）生成、保存投梭　该织物为纬二重纹织物，生成投梭文件需投两梭。点击“工艺工具栏”中的“投梭”功能键，在调色板上选择投梭颜色 1#色，在意匠区点击一下，再在调色板上选择投梭颜色 2#色，在意匠区再点击一下，再点击“投梭”按钮，投梭结束，投梭自动保存，意匠文件上方自动显示投梭信息。如图 6-17 所示。

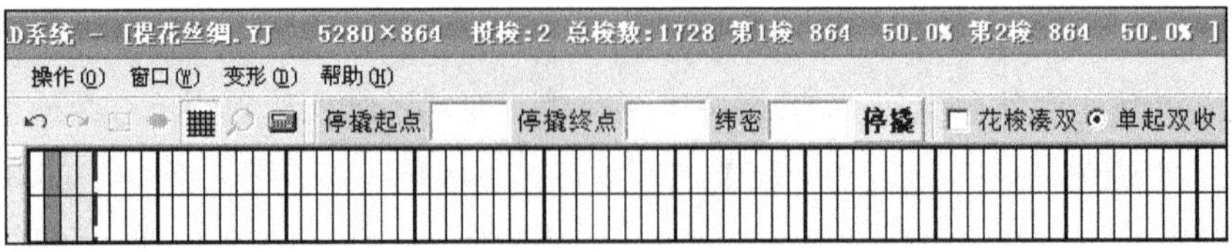

D系统 - [提花丝绸.YJ 5280×864 投梭:2 总梭数:1728 第1梭 864 50.0% 第2梭 864 50.0%]
操作(O) 窗口(W) 变形(D) 帮助(H)
停撬起点
停撬终点
纬密
停撬
花梭凑双
单起双收

图 6-17 投梭

（8）建立纹板样卡 根据电子提花机的型号，可以确定纹板样卡为 16×168 样卡形式，在该样卡上设置：左边针用 8 针，位置为第 425 针~第 432 针；右边针用 8 针，位置为第 5713 针~第 5720 针；主纹针 5280 针，位置为第 433 针~第 5712 针。样卡见图 6-18。

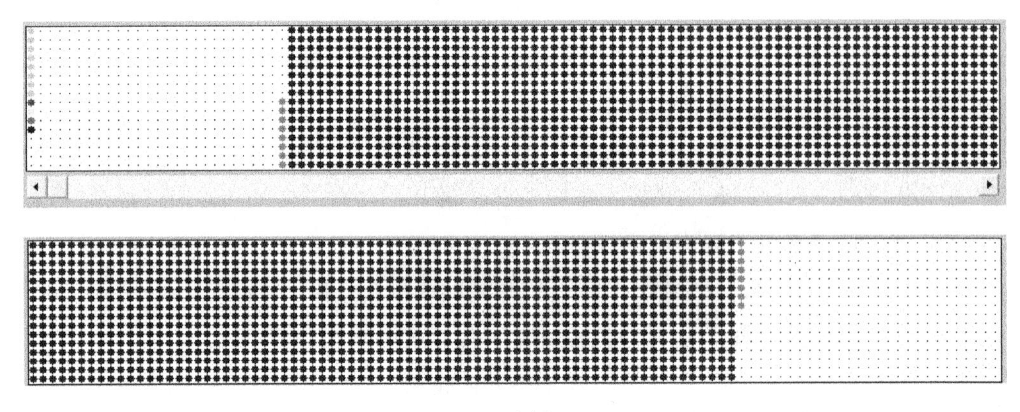

图 6-18 样卡设计

（9）填辅助组织表 由于该织物为纬二重织物，采用意匠不展开方式，辅助针组织表也需分别填入图 6-19 中 $\frac{8}{3}$ 经缎经分解后的边组织代号 p6-2 和 p6-7，辅助针表填好后可直接“存入意匠”。

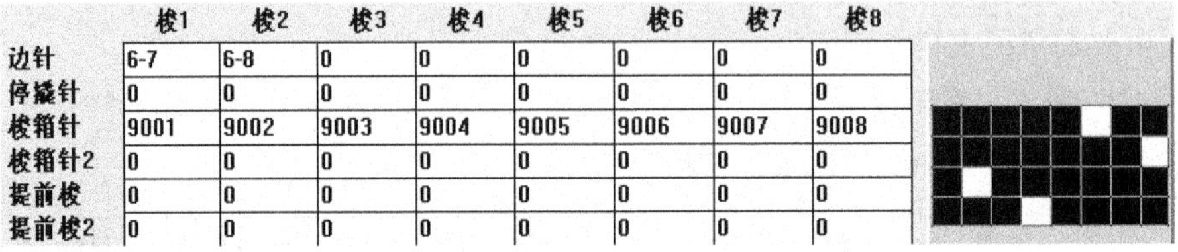

	梭1	梭2	梭3	梭4	梭5	梭6	梭7	梭8
边针	6-7	6-8	0	0	0	0	0	0
停撬针	0	0	0	0	0	0	0	0
梭箱针	9001	9002	9003	9004	9005	9006	9007	9008
梭箱针2	0	0	0	0	0	0	0	0
提前梭	0	0	0	0	0	0	0	0
提前梭2	0	0	0	0	0	0	0	0

图 6-19 辅助针设置

意匠设置
ZDJW
设置意匠文件的各项参数。
“分色起始号”用于从扫描稿生成意匠时分出的颜色在意匠调色板上的起始位置。
经线数： 5280
纬线数： 1728
织物经密： 72.2
织物纬密： 51
分色起始号： 1
织机纬密： 1
增减
缩放
复制
确定
取消

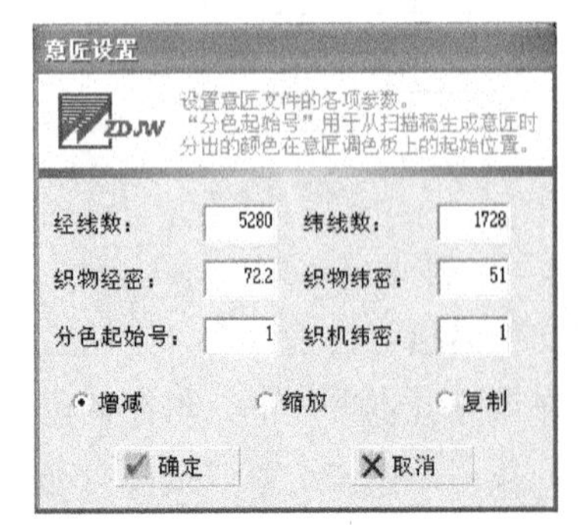

图 6-20 意匠设置

2. 意匠扩展

（1）意匠设置 点击“工艺工具栏”中的 “重设意匠”功能键，重设意匠，将纬线一扩二，将其中的纬密和纬纱数分别改为总纬密和总纬纱根数，然后按“缩放”选项确定。纬线重新扩展后勾边可以保证都是双梭过渡（纵向两个横格），见图 6-20。

规格参数输入：

织物的经密=72.2 根/cm 织物的纬密= 51.0 根/cm

一花内的经纱数=5280 根

一花内的纬纱数=1728（根）

此时，一个意匠纵横格代表 1 根经纬纱。

（2）意匠设色　本意匠可设置成 4 种颜色。将地部组织设置成 1#色，将花部组织 1、2、3 依次设置成 2#、3#、4#色。

（3）织物组织设置　由于采用意匠展开方式，该织物有 4 个组织，可分别设定并存入组织库，见图 6-21。

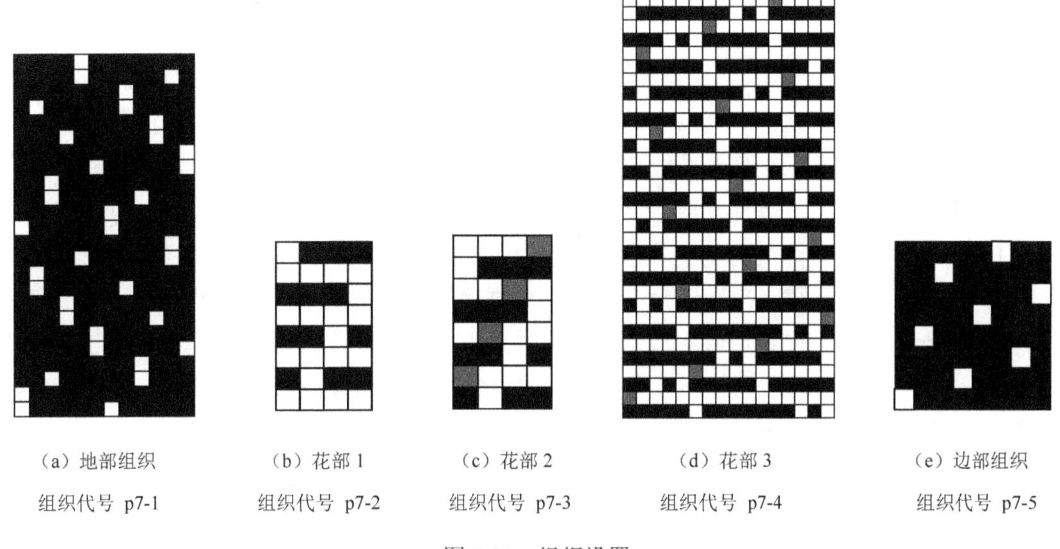

（a）地部组织 组织代号 p7-1　（b）花部 1 组织代号 p7-2　（c）花部 2 组织代号 p7-3　（d）花部 3 组织代号 p7-4　（e）边部组织 组织代号 p7-5

图 6-21　组织设置

（4）点间丝

① 找出点间丝区域：同意匠不展开方式。

② 设定参数，点间丝，设置间丝组织：花部 1 组织为纬二重组织，为甲纬纬花，背衬乙纬四枚斜纹，采用意匠展开方式处理意匠，从右图可以看出，乙纬上单起点和双起点上都不全是经组织点或纬组织点，欲避免间丝点影响乙纬组织，则该例间丝点适宜只点在甲纬横格上，间丝点的组织仍然为经组织点，组织代号系统默认为“1”，这在组织表设置时需输入。

点击“工艺工具栏”中的“ ”间丝功能键，选择“随意间丝”“单起”（或“双起”，在“随意间丝”选项中，“单起”和“双起”已不起作用）选项、排笔距设为 20，将当前色设为 6#色，在 5#色区域内点间丝。

⊙ 单起 ○ 双起 ⊙ 随意间丝 ○ 画点 ○ 画线 排笔距 20

（5）组织表配置　点击“工艺工具栏”中的“组织表配置”功能键，该织物为纬二重织物按意匠展开方式进行处理，因此在填组织配置表时需分别在 1#~4#色填入设置时所使用的 4 个组织文件名或组织别名，5#色的组织选择与 2 号色相同，6#色代表间丝点，在梭 A1 和梭 A2 两列都设置组织代号为“1”的相同组织。设置完毕，单击“存入意匠”，将把设置的内容存入当前的意匠文件中。如图 6-22 所示。

	梭A1	梭A2	梭B1	梭B2	梭C1	梭C2	梭D1	梭D2	梭E1	梭E2	梭F1	梭F2
1	7-1	7-1	0	0	0	0	0	0	0	0	0	0
2	7-2	7-2	0	0	0	0	0	0	0	0	0	0
3	7-3	7-3	0	0	0	0	0	0	0	0	0	0
4	7-4	7-4	0	0	0	0	0	0	0	0	0	0
5	7-2	7-2	0	0	0	0	0	0	0	0	0	0
6	1	1	0	0	0	0	0	0	0	0	0	0
7	0	0	0	0	0	0	0	0	0	0	0	0

图 6-22 组织表配置

（6）生成、保存投梭 该织物为纬二重纹织物，采用意匠展开方式。织物色纬排列为A1B1A1C1，在浙大经纬纹织CAD软件中，生成投梭文件可按如下方法利用辅助针功能进行投梭。

点击“工艺工具栏”中的 “设置辅助针”功能键，“辅助针”中的意匠图右边出现两块区域，前面一块是由1号色分割出的区域投梭针区，后面一块由2号色分割出的区域选纬针区。点击“绘图工具栏”中的 “自由笔”功能键，然后在选纬针区域用1#色、2#色画好局部投梭规律，再点击主菜单栏的 “局部选择”按钮，选中已画好的局部投梭规律，出现四角箭头，然后直接拖动选中区域实现粘贴，循环往复直至投梭规律完成结束。这时点击“工艺工具栏”中的 “投梭”功能键，再左键随意点击选纬针区域，便可将投梭规律（图6-23）复制到投梭框内。

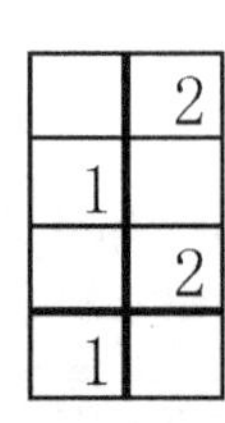

图 6-23 A1B1 投梭规律

本设计实例的投梭规律是甲1乙1，故生成投梭如图6-24所示。

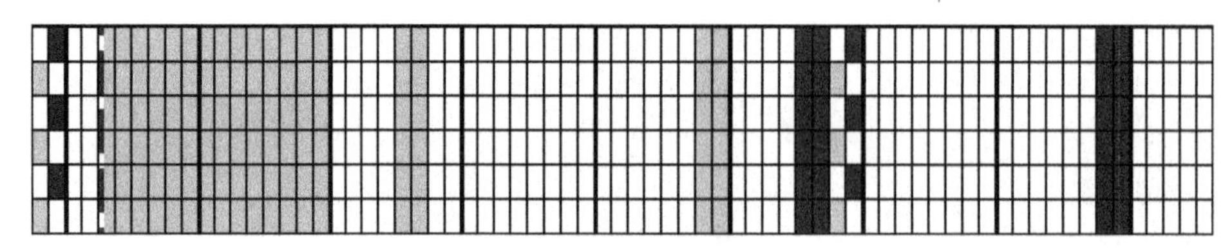

图 6-24 投梭（1）

若某纬二重织物投梭规律是甲2乙1，则生成投梭规律如图6-25所示。

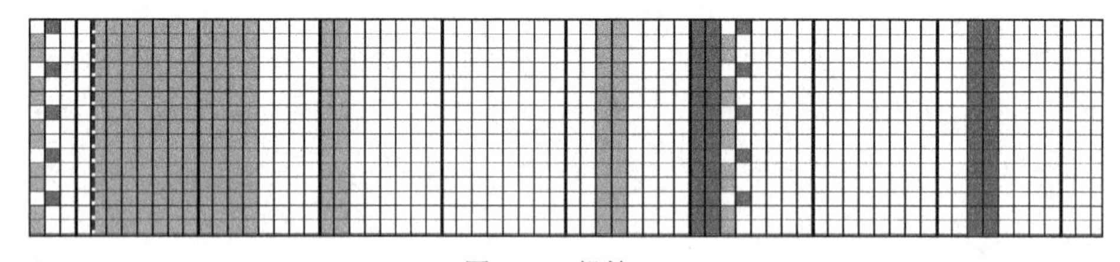

图 6-25 投梭(2)

若某纬三重织物投梭规律是甲1乙1丙1，则生成投梭规律如图6-26所示。

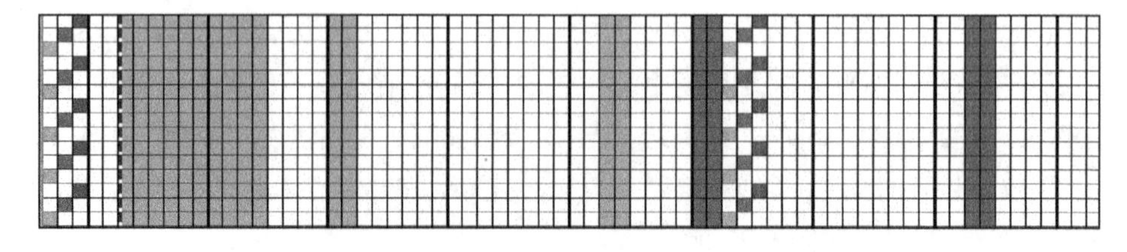

图 6-26 投梭(3)

（7）建立纹板样卡　样卡同意匠不展开方式，见图 6-18。

（8）填辅助组织表　由于该织物边组织采用$\frac{8}{3}$经面缎纹，辅助针组织表也需在对应的列填入相同的边组织$\frac{8}{3}$经面缎纹组织的代号 p7-5。

（9）纹板处理（生成纹板）　当组织表设置、辅助针设置完毕、投梭结束、样卡设置成功后，就可以生成关键的纹板文件。纹板处理时可以根据提花龙头的具体型号来选择所要生成的具体织造文件类型。

（10）纹板检查　在织造前，应该打开纹板文件，进行纹板检查，以确保成功。可以有检查纹板、检查纹针、EP 方式检查等多种方式。

（11）效果模拟　选择意匠模拟，模拟效果如图 6-27。

图 6-27　效果模拟图（局部）

【知识拓展】

南京云锦

电子提花机的出现，使得提花织物的设计与生产更加简便，但是，有些特殊的织物，例如云锦，却只能在传统的机器上进行织造，而且是用最古老的织机，手工进行织造，效率虽低，但产品却弥足珍贵，这是电子提花机所不能取代的。

云锦色泽光丽灿烂，状如天上云彩，故名云锦（图 6-28）。云锦区别于蜀锦、宋锦的重要特征是大量用金（圆金、扁金）做装饰，用色丰富自由，纹饰醒目。其品种主要有三类，即库缎、库锦、妆花。现代只有南京生产，常称为“南京云锦”。至今已有 1580 年历史。南京云锦木机妆花手工织造技艺是中国古老的织锦技艺最高水平的代表，于 2006 年列入中国首批非物质文化遗产名录，并于 2009 年 9 月成功入选联合国《人类非物质文化遗产代表作名录》。传承单位为南京云锦研究所。

图 6-28　大红织金飞鱼通袖罗

云锦工艺独特，用老式的提花木机织造，必须由提花工和织造工两人配合完成，两个人一天只能生产

5~6cm，这种工艺至今仍无法用机器替代。

云锦主要特点是逐花异色，从云锦的不同角度观察，绣品上花卉的色彩是不同的。由于被用于皇家服饰，所以云锦在织造中往往用料考究、不惜工本、精益求精。云锦喜用金线、银线、铜线及长丝、绢丝，各种鸟兽羽毛等用来织造云锦，如在皇家云锦绣品上的绿色是用孔雀羽毛织就的，每个云锦的纹样都有其特定的含义。如果要织一幅 78cm 宽的锦缎，在它的织面上就有 14000 根丝线，所有花朵图案的组成就要在这 14000 根线上穿梭，从确立丝线的经纬线到最后织造，整个过程如同给计算机编程一样复杂而艰苦。

南京云锦研究所全部保留着历史上的妆花技术。他们曾成功地复制了明定陵出土的万历皇帝过肩龙妆花纱织成袍料（图 6-29）。自 1979 年以来，该所复制龙袍及匹料已达 100 多件。2006 年 1 月，云锦研究所再次受北京定陵博物馆委托，对一件明万历皇帝龙袍进行了成功复制。

图 6-29　明万历织金寿字龙云肩通袖龙妆花缎衬褶袍

【技能训练】

要求进行相关市场调研，以小组形式完成技能训练项目，通过训练，要求能够认识大提花织物的类别并在有一定感性认识、掌握典型织物特征的基础上，能够熟练地利用纹织 CAD 软件对提花丝绸类织物进行分析和设计。

1. 认识提花织物，识别提花丝绸等

进行市场调研和搜集资料，尝试通过感官体验织物样品的特征和性能，正确区分不同类型织物。要求市场调研服装以及装饰市场提花丝绸，分组观察面料特征，将不同的纺织品按合理的分类方法进行分类，完成市场调研，并使用 PPT 分组汇报分类的依据。

2. 提花丝绸类面料分析设计

① 根据提供的织物样品，进行正反面、经纬向鉴别。
② 原料成分、线密度测定。
③ 经纬密测定、组织分析。
④ 原料规格参数的分析并填写织物规格单，填写分析表格。
⑤ 运用 CAD 软件的绘图工具栏临摹一提花丝绸的纹样图案。

3. 产品设计

（1）确定要设计的提花品种的规格，形成织物规格（表 6-3）。

（2）纹样设计

① 采用纹织 CAD 绘制纹样，指出纹样布局、结构和特点。

② 一花花纹循环的宽度和长度。

（3）装造工艺设计

① 确定装造类型。

② 纹针数计算和样卡设计。

③ 通丝计算。

（4）意匠设计

① 织物小样参数输入。

② 意匠勾边、设色、设置组织。

③ 投梭。

④ 填组织配置表。

⑤ 选择纹板样卡和辅助针表设计。

⑥ 生成纹板和检查纹板。

⑦ 织物效果模拟。

品种：

表 6-3 提花面料产品设计工艺规格表

成品规格	外幅/cm		经纱组合	甲		装造设计	提花龙头			
	内幅/cm			乙			装造类型			
	经密/（根/10cm）			丙			纹针数			
	纬密/（根/10cm）						目板行列数			
	总经根数		纬纱组合	甲			目板穿法			
	匹长/m			乙			全幅花数			
	一花长度/cm			丙			通丝把数			
	一花宽度/cm						每把通丝数			
坯布规格	外幅/cm					意匠设计	小样参数			
	内幅/cm						勾边			
	经密/（根/10cm）						设色			
	纬密/（根/10cm）						投梭			
	匹长/m						组织配置		组织	命名
								地部		
	一花长度/cm							花部组织		
	一花宽度/cm									
织造规格	筘幅/cm									
	筘号/（齿/10cm）									
	布身穿入数									
	布边穿入数									
	内经丝数									
	边经根数							边组织		
织造机械										
工艺流程	经纱									
	纬纱									
后整理										

项目七　提花窗帘分析与设计

【任务目标】

（1）通过对窗帘样品的观察、接触，增加对窗帘织物的感性认识，了解典型窗帘织物的特征和分类，学会分类与辨析。

（2）能够借助织物分析工具，熟练、正确地分析各类窗帘织物。

（3）能够设计产品调研报告；能够按要求填写织物分析报告。

（4）能够在有一定感性认识的基础上，利用 CAD 软件设计窗帘类织物的花型并进行工艺处理；掌握工艺计算的方法；了解织物生产工艺流程及工艺参数。

【知识准备】

（1）通过市场调研、观察、认识实物面料，取得窗帘面料的感性认识。

（2）常见窗帘面料的分析方法。

（3）对观察的窗帘织物进行分类，归纳其特点，能够按要求填写织物分析报告。

【任务实施】

任务一　认知提花窗帘

一、窗帘面料的分类

一般常见的窗帘面料有印花布、染色布、提花布、提印花布四种类型。

印花布：在素色坯布上用转移或圆网的方式印上色彩、图案，其特点是色彩艳丽，图案丰富，具手绘般的印染效果，露出自然质感。

染色布：在白色坯布上染上单一色泽的颜色称为染色布，其特点是素雅、自然、挺括，符合流行趋势。

提花布：用经线、纬线错综地在织物上织出凸起的图案称为提花。用提花工艺织成的布料，称为提花布。提花布厚重、结实、花色别致、立体感强。通过经线、纬线的变化，提花布的花样很多，最普通的是净色提花布，经线、纬线都是坯纱，利用不同的线圈排列及结构所组成的提花布，然后再染色，所以整个提花布是一个颜色的，如图 7-1 所示；另一个大类就是用不同颜色的纱线织成的双色甚至多色提花布了，也可以叫做色织提花布，如图 7-2 所示。

提印花布：把提花和印花两种工艺结合在一起称其为提印花布。

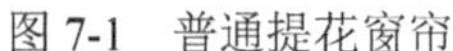
图 7-1 普通提花窗帘

图 7-2 色织提花窗帘

二、提花窗帘的原料

提花窗帘的面料主要有棉、麻、涤纶、真丝、丝绵、棉麻、雪尼尔、混纺等。

棉质面料质地柔软、手感好；麻质面料垂感好，肌理感强；真丝面料高贵、华丽，它是100%天然蚕丝构成，自然、粗犷、飘逸、层次感强；棉麻、真丝的窗帘布，绿色环保，价格偏高，适当可考虑用在家中的关键区域，如客厅、主卧，不可机洗；涤纶面料挺括、色泽鲜明、不褪色、不缩水，垂感好，价格实惠；雪尼尔的面料手感，垂感都很好，但是夏季在挑选时一般不被看好，主要是感觉热，不可以机洗；丝绵及混纺面料，由于其布料的薄厚程度及工艺处理，在目前市场比较受欢迎，特点为颜色丰富，图案多样，容易洗涤（一般情况下可以水洗，机洗要看具体面料）。

三、纹样与风格

窗帘作为家庭陈设中的一个重要的组成部分，已不再是只有遮蔽隐私美化环境的功能性需求，而是具有烘托气氛，强化室内设计风格体现艺术品位的装饰性极强的构成元素。根据室内装饰的要求窗帘也体现出不同的风格和流派。

（1）欧式风格

灵感来源于法国 18 世纪流行的巴洛克和洛可可风格，富有柔和浪漫的色彩，装饰性强，体现奢华，但不拘泥于古典主义，只取其精华，继承了古典风格的比例、尺寸和构图原则，对复杂的装饰予以简化和抽象。在窗帘款式设计中，材料多用丝绸、塔夫绸、雪尼尔、金貂绒、天鹅绒等有尊贵感和厚重感的布料。

东方这片古老的沃土也汲取了世界经典艺术中的典藏之笔。一款款厚重的弧形，正是欧洲古老文化的延伸。那一道道精美的流苏勾勒出的弧线、垂线加上浓重的落地垂帘尽显欧室尊贵的王者风范。欧式风格的窗帘，强调的是一种富丽堂皇的效果。一般采用质感厚重、色彩沉稳的面料。欧式风格的窗帘非常注重细节的设计，从细节中给人以强烈的古典风格化的视觉冲击，带出高贵及奢华的感觉。

（2）现代简约风格

简约中透着自然，明快的色彩变化，体现着年轻人对生活的热爱。现代简约极受年轻一代的喜爱。图案上多用现代几何图形。材料使用很宽广，棉的、麻的都是很好的选择。

（3）美式乡村风格

这种风格的窗帘摒弃欧式风格的繁琐和奢华，更加突显古朴和自然的和谐，强调的更多的是一种怀旧色彩的风情。美式乡村风格的窗帘以形状较大的花卉图案为主，图案神态生动逼真。色彩以自然色调为主，酒红、墨绿、土褐色最为常见。设计粗狂自然，而面料多采用棉麻材质，有着极为舒适的手感和良好的透气性。

（4）英式田园风格

英式田园风格的窗帘与美式乡村风格的窗帘有所不同，这种风格的窗帘多采用小碎花图案，颜色则以暖色系为主。一朵朵黄色的小碎花图案，在平淡温馨中流露出不动声色的奢华，一种柔柔暖暖的感觉持续蔓延在家的每个角落，让家里无时无刻不充满鲜花和青草的味道。

任务二　提花窗帘实物分析

一、取样

对于大提花窗帘面料，因其花纹循环大，因此经纬纱循环数很大，一般需要根据特征找出涵盖具有代表性组织结构的范围，然后进行取样。

二、确定正反面

提花窗帘面料的正、反面有明显的区别，确定正、反面总是以外观效应好的一面作为织物的正面。本样品一面地部细洁，显现经面纹路，花部颜色丰富，部分区域纬浮长较长，层次错落，手感丰满。而另一面平坦，不突出，织物层次较少、花纹颜色暗淡，故判定细洁、颜色丰富的一面为织物的正面，如图7-3所示。

（a）织物正面

（b）织物反面

图7-3　织物的正反面

三、确定经纬向

正反面确定后，须确定织物的经纬方向，以便进一步确定经纬纱密度、经纬纱特数和织物组织等。大多数的提花窗帘面料经纱细，纬纱粗，经密远大于纬密，本试样可根据布边的方向、某一方向纱线的色彩变化、纱线粗细比较等确定出经纬向，经向有一组纱线，纬向有两组纱线，为一款纬二重的提花窗帘面料。

四、经纬纱原料、经纬纱线密度的测定

工厂的试验人员往往乐于采用比较测定法，此法操作简单迅速。比较测定法是将纱线放在放大镜下，仔细地与已知线密度的纱线进行比较，最后决定试样的经纬纱线密度。只是此方法测定的准确程度与试验人员的经验相关。

本样品测得的结果为：经纱为涤纶网络丝，纬纱同样是涤纶网络丝和银丝。经纱 100 旦涤纶网络丝，纬纱为粉色和红色 300 旦涤纶网络丝以及银丝，粉∶红∶粉∶银丝=1∶1∶1∶1 排列。

五、测算经纬纱密度、缩率

本样品测得的经密为 678 根/10cm，纬密为 280 根/10cm。经纬纱织缩率分别为 3.5%、1.8%。

六、分析织物组织

分析中，常用的工具有放大镜（照布镜）、分析针、剪刀、意匠纸等。常采用局部分析法来分析织物的组织。需要分别对花纹和地部的局部进行分析，分析时首先要确定纬纱的组数，在某个花纹处，需分别分析出每组纬纱与经纱的交织规律，如果某处的组织从正面不好分析时，可以反过来分析其反面组织，再用翻转法得出其正面组织。

本样品纬纱为粉色和红色涤纶网络丝以及银丝，粉∶红∶粉∶银丝=1∶1∶1∶1 排列。织物组织地部为甲乙纬组合经缎，另有花部组织 1：甲纬（粉色）纬花，乙纬（红色、银丝）背衬；花部组织 2：乙纬（红色、银丝）纬花，甲纬（粉色）背衬，纬花都为活切间丝，组织处理为纬浮线；花部组织 3：平纹，如图 7-4 所示。

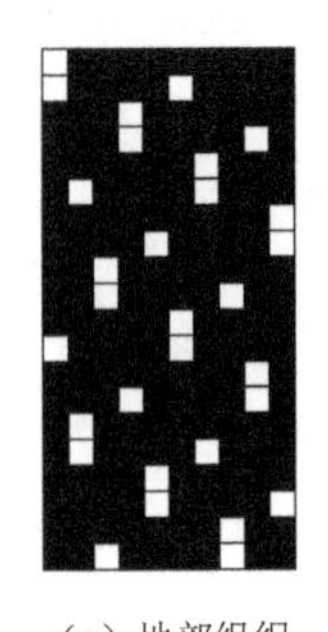

（a）地部组织
甲纬与经纱组成5/3经缎，
乙纬与经纱组成10/7经缎

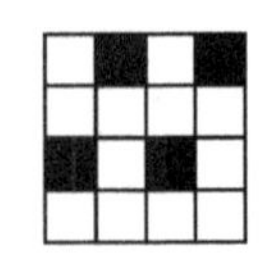

（b）花部1
甲纬（粉色）纬花，
乙纬（红色、银丝）平纹背衬

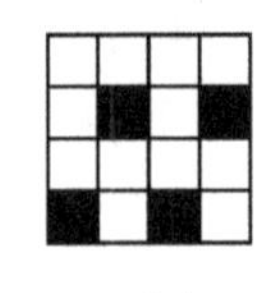

（c）花部2
乙纬（红色、银丝）纬花，
甲纬（粉色）平纹背衬

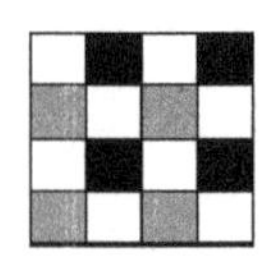

（d）花部3
平纹

图7-4　样品的织物组织

七、测量全幅花数、每花长度和宽度

观察样品，测量外幅为279cm，布边各64×2根、1cm，内幅277cm；找出织物一个花纹循环大小并测量尺寸，从而可得全幅花数和总经根数。

测得样品一个花纹长度为36.8cm，宽度为34.5cm；根据经纬密度和花纹循环的长度和宽度，计算一花循环的经纬纱根数为:一花循环内的经纱数：34.5×678=2339，修正为地部花部组织10和2的整数倍，取2340根；纬纱数：36.8×280=3555，修正为地部花部组织20和4的整数倍，取3560根；内经根数为277×67.8=18780根，同时可得全幅花数为18780/2340=8.03花，测量边部组织为$\frac{2}{2}$方平，边经根数为64×2根，则总经根数为18908根。记录分析结果，完成织物分析表格填写，见表7-1。

八、纹样绘制及CAD处理

（1）在编辑意匠纹样时需要向纹织CAD系统输入一些规格参数，将已测经纬密和一个循环经纬纱根数等参数输入意匠。纬二重织物往往先输入表纬纬密。样品织物的经密、表纬纬密分别输入67.8根/cm、14根/cm；一花循环内的经纱数和表纬纬纱数分别输入2340根、1780根。

（2）经组织分析，样品组织共有4个，因此意匠设色设为4色，间丝部分可另外处理一色。

（3）由于地部组织为缎纹，因此意匠勾边采用自由勾边。

（4）利用纹织CAD软件绘图工具栏或其他绘图软件绘制纹样，也可将扫描好的纹样导入纹织CAD中并进一步进行调整修饰、分色、去杂等编辑处理完成一个完整花纹循环的绘制，见图7-5。

表 7-1 提花窗帘面料分析表

<table>
<tr><td>样品名称</td><td>提花窗帘</td><td>用途</td><td colspan="2">装饰</td></tr>
<tr><td>样品外幅/cm</td><td>279</td><td>每花长×宽/cm×cm</td><td colspan="2">36.8×34.5</td></tr>
<tr><td>样品内幅/cm</td><td>277</td><td>全幅花数</td><td colspan="2">8.03</td></tr>
<tr><td rowspan="3">色经排列</td><td>100 旦涤纶长丝</td><td>一花经纱根数</td><td colspan="2">2340</td></tr>
<tr><td></td><td>内经根数</td><td colspan="2">18780</td></tr>
<tr><td></td><td>全幅总经根数</td><td colspan="2">18908</td></tr>
<tr><td rowspan="3">色纬排列</td><td rowspan="3">300 旦涤纶网络丝（粉色和红色）以及银丝粉、红、粉、银丝=1∶1∶1∶1</td><td>边纱根数</td><td colspan="2">64×2</td></tr>
<tr><td rowspan="6">织物组织</td><td>地部</td><td>甲乙纬组合经缎</td></tr>
<tr><td rowspan="4">花部</td><td rowspan="2">甲纬纬花</td></tr>
<tr><td>经纱织缩率 a_j/%</td><td>3.5</td></tr>
<tr><td>纬纱织缩率 a_w/%</td><td>1.8</td><td>乙纬纬花</td></tr>
<tr><td>经密/（根/10cm）</td><td>678</td><td>平纹</td></tr>
<tr><td>纬密/（根/10cm）</td><td>280</td><td>边部</td><td>$\frac{2}{2}$方平</td></tr>
</table>

图 7-5 纹样图

任务三 提花窗帘产品设计

一、产品规格设计

本产品是一款纯涤纶的窗帘面料，经纬纱均采用涤纶为原料，花地组织采用纬三重组织，层次错落，色彩鲜明。风格各异的牵牛花配上饱满的叶子，满地布局，整个图案内容丰富，层次分明。

涤纶面料挺括、色泽鲜明、不褪色、不缩水，垂感好，价格实惠，市面上比较常见。

经纱采用 100 旦/48F 的低弹网络丝，纬纱采用 300 旦/96F 的涤纶长丝，颜色分别为白、棕、黑。

1. 坯布规格

织物的坯布规格是制定上机工艺参数的依据，随上机条件和后整理工艺的不同而异。为使织物紧密、挺括，花纹细致、清晰，坯布幅宽为299.7cm，经纬纱密度 P_j 及 P_w 分别为681.1根/10cm、354.3根/10cm。

该大提花窗帘坯布规格如下。

公制：299.7cm　T100旦/48F×T300旦/96F　681.1×354.3

英制：118英寸　T100旦/48F×（T300旦/96F）173×90

生产上习惯于英制规格表示。

初算总经根数=坯布经密×坯布幅宽/10=681.1×299.7/10=20412根

初算总经根数为筘入数整倍数，取20412根，无需修正。

2. 上机规格

根据企业的经验，该涤纶提花窗帘的经、纬纱织缩率为 a_j=5.5 %，a_w=2.5%。本产品布身布边每筘穿入数均为4。

$$筘号=\frac{坯布经密\times(1-纬纱织缩率)}{每筘穿入数}$$

$$=\frac{坯布经密\times(1-纬纱织缩率)}{每筘穿入数}$$

$$=\frac{681.1\times(1-2.5\%)}{4}=166（齿/10cm）$$

$$筘幅=\frac{坯布幅宽}{(1-织缩率)}=\frac{299.7}{(1-2.5\%)}=307.4（cm）$$

3. 组织与纹样

该窗帘纹样取材于自然花卉，主花为形态各异的牵牛花与生机勃勃的叶子，满地布局。纹样宽高分别是36cm和38cm，如图7-6所示。

图7-6　窗帘纹样图

本设计的组织采用纬三重组织，分别为：

地组织：甲乙丙三纬分别以八枚五飞经面缎与经纱形成组合经面缎纹。

花部组织1：甲纬纬花，组织为 $\frac{12}{7}$ 纬面缎；乙、丙纬分别以 $\frac{3}{1}\nearrow$、$\frac{8}{5}$ 经缎背衬。

花部组织2：甲纬纬花，组织为 $\frac{12}{7}$ 纬面加强缎；乙、丙纬分别以 $\frac{3}{1}\nearrow$、$\frac{8}{5}$ 经缎背衬。

花部组织3：乙纬纬花，组织为 $\frac{12}{7}$ 纬面缎；甲、丙纬分别以 $\frac{3}{1}\nearrow$、$\frac{8}{5}$ 经缎背衬。

花部组织4：丙纬纬花，组织为$\frac{12}{7}$纬面缎；甲、乙纬分别以$\frac{3}{1}$↗、$\frac{8}{5}$经缎背衬。宜采用意匠不展开方式处理，分解后的组织及命名如图7-7所示。

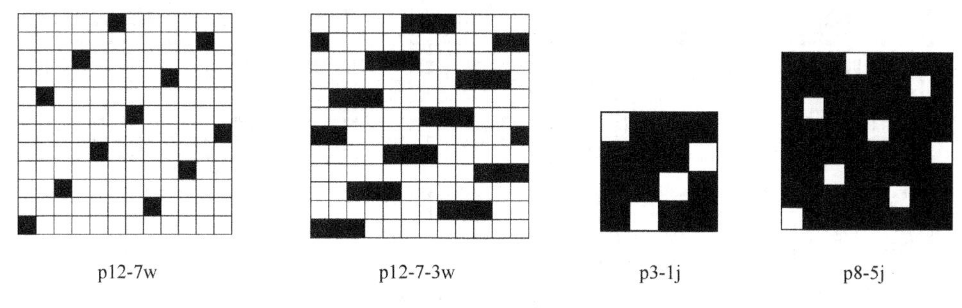

图7-7 组织设置

4. 花纹循环纱线数及产品规格表

一花循环经纱数=经密×纹样宽度/10=681.1×36/10=2452根

本例布边选用$\frac{2}{2}$方平组织，两边各64根，每筘穿入4根。

该涤纶窗帘面料主要规格和参数列于表7-2中。

表7-2 T100旦/48F×T300旦/96F 大提花窗帘面料主要规格

坯布外幅/cm	299.7	每花长×宽/cm×cm	38×36
坯布内幅/cm	297.7	全幅花数	8.23
经密/(根/10cm)	681.1	筘号/（齿/10cm）	166
纬密/(根/10cm)	354.3	筘入数	4
经纱组合	低弹网络丝100旦/48F	筘幅/cm	317.3
纬纱组合	涤纶长丝300旦/96F 白：棕：黑=1：1：1	总经根数	20412
地部组织	纬三重	内经根数	20284
花部组织	纬三重		

二、装造工艺设计

（1）正反织确定 本例采用Staubli的CX880型提花龙头，采用单造单把吊（普通装造），在电子提花机上，地部是八枚经缎，可以采用正织。

（2）纹针数计算

纹针数=花纹循环经纱数=成品经密×纹样宽度/10=2452针

修正为地部组织经纱循环8、花部组织经纱循环24的整倍数2448针。

边部为$\frac{3}{3}$经重平组织，需边针32针。

$$全幅花数=\frac{总经根数-边经根数}{花纹循环经纱数}=\frac{20284-128}{2448}=8.23（花）$$

取花数为8.23花。

（3）样卡设计　CX880 型 2688 针电子提花机的纹针共有 16 列、168 行，需用纹针 2448 针；边针用 16 针，在纹板样卡上前后平均分布（每个边针吊 8 根通丝，边组织为三上三下经重平组织）。纹板样卡如图 7-8 所示。

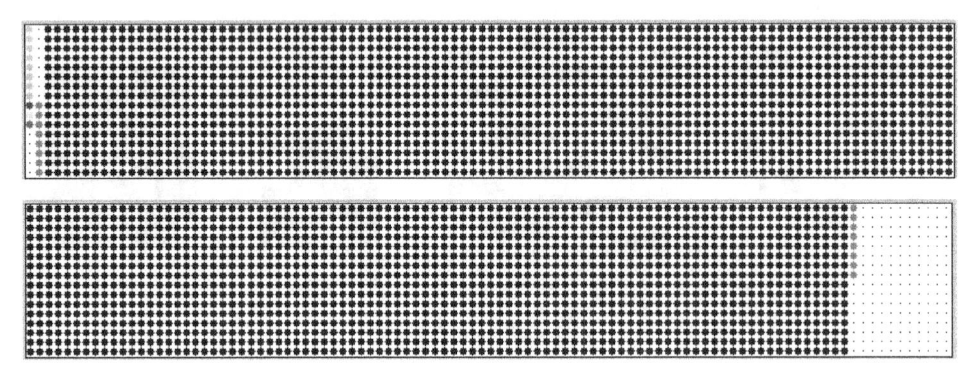

图 7-8　纹板样卡

（4）通丝把数和每把通丝数

通丝把数=纹针数=2448 把

内经根数=20412–64×2=20284 根

零花根数=20284–2448×8=700 根

每把通丝数=花数，每把 8 根 1748 把，每把 9 根 700 把。

织机通丝总根数=通丝把数×每把通丝数=1748×8+700×9=20284 根

（5）目板计算与穿法

目板总宽度取大于筘幅 2cm，取 309.4 cm 目板选用 16 列。

$$目板总行数=\frac{内经纱数}{目板列数}=\frac{20284}{16}=1267.75（行）取 1268 行$$

$$每花实穿行数=\frac{一花经纱数}{目板列数}=\frac{2448}{16}=153（行）$$

$$目板行密=\frac{目板总行数}{目板穿幅}=\frac{1268}{309.4}=4.1 行/cm$$

目板穿法为顺穿，如图 7-9 所示。

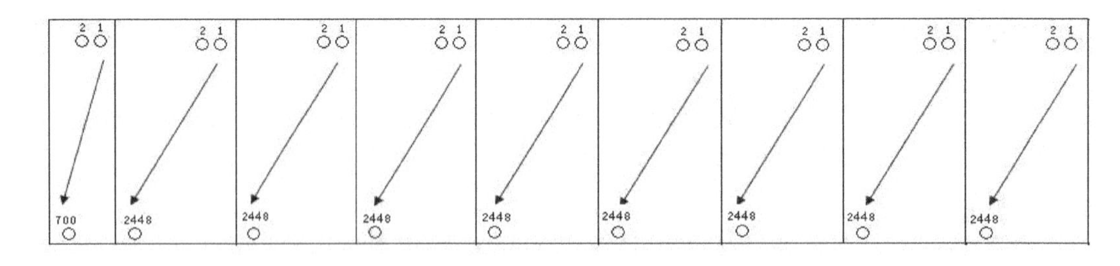

图 7-9　通丝穿目板

三、纹织 CAD 意匠编辑与工艺处理

（1）意匠纸规格

织物的经密=68.1 根/cm　　织物的纬密= 35.4 根/cm

一花内的经纱数=2448 根

一花内的纬纱数=纹样长×纬密=38×354.3/10 =1346（根）

将纬纱数修正为地部组织循环纬纱数 24、花部组织循环 72 的整倍数 1368 根。

采用意匠不展开方式，输入织物经密和经纱根数，输入表纬根数及表纬纬密：

表纬纬纱数 1368/3=456 根表纬纬密 35.4/3=11.8 根/cm。

点击“工艺工具栏”中的“意匠设置”功能键，设置意匠的一些参数，将上述数据输入，可对意匠图大小和规格进行设置，纹织 CAD 会自动形成意匠文件，绘制好意匠文件后保存。

（2）意匠设色　该织物配置有 5 种组织，所以绘制意匠时共用到 5 种颜色。可分别用 $1^{\#}$色到 $5^{\#}$色来表示 5 种组织。

（3）意匠勾边　意匠图一个横格代表 3 根纬纱，可采用自由勾边的方式。部分意匠图见图 7-10。

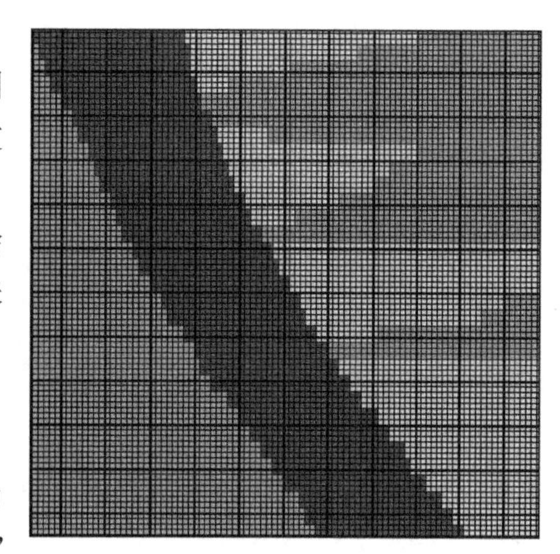

图 7-10　意匠图片段

（4）组织表配置　在意匠文件中，颜色与组织的对应关系可用组织配置表来说明。点击“工艺工具栏”中的“组织表”功能键，该织物为纬三重纹织物，因此在填组织配置表时需在梭 A1、梭 B1、梭 C1 这三列对应的五个相应颜色后面对应框中填入组织设置时所使用的那四个组织文件名或组织别名即可，如图 7-11 所示。设置完毕，单击“存入意匠”，把设置的内容存入当前的意匠文件中。

	梭A1	梭A2	梭A3	梭B1	梭B2	梭B3	梭C1
1	12-7w	3-1j	8-5j	0	0	0	0
2	12-7w-3	3-1j	8-5j	0	0	0	0
3	3-1j	12-7w	8-5j	0	0	0	0
4	3-1j	8-5j	12-7w	0	0	0	0
5	8-5j	8-5j	8-5j	0	0	0	0
6	0	0	0	0	0	0	0
7	0	0	0	0	0	0	0
8	0	0	0	0	0	0	0

图 7-11　组织表配置

（5）生成、保存投梭　该织物为纬三重纹织物，生成投梭文件需要设置三梭。点击“工艺工具栏”中的“投梭”功能键，先在调色板上选择投梭颜色 $1^{\#}$色，在意匠区点击一下投梭，然后再选择 $2^{\#}$色，在意匠区点击一下投第二梭，最后选择 $3^{\#}$色，在意匠区点击一下投第三梭，至此投梭工作结束，再点击“投梭”按钮，投梭自动保存，意匠文件上方自动显示投梭信息。

（6）建立纹板样卡　重纬织物建立样卡的方法与单层提花织物相同，根据电子提花机的型号，可以确定纹板样卡为 16×168 样卡形式，在该样卡上设置：左边针用 16 针，位置为第 105 针~第 120 针；右边针用 16 针，位置为第 2569 针~第 2584 针；主纹针 2448 针，位置为第 121 针~第 2568 针。

（7）填辅助组织表　建立样卡后，在纹织CAD系统中打开样卡文件，点击“辅助针表”对话框，在辅助针表内填入所需要辅助针的组织文件名。辅助针表填好后可直接“存入意匠”或在左边打上辅助针表名称，点击左下方的“存辅助针表”，以便日后读取。

由于该织物为纬三重织物，边组织采用$\frac{3}{3}$经重平，由于采用意匠不展开方式，辅助针组织表需分别在三纬处填$\frac{3}{3}$经重平分解后的平纹组织，如图7-12。

	梭1	梭2	梭3	梭4	梭5	梭6	梭7	梭8
边针	2	2	2	0	0	0	0	0
停撬针	0	0	0	0	0	0	0	0
梭箱针	9001	9002	9003	9004	9005	9006	9007	9008
梭箱针2	0	0	0	0	0	0	0	0
提前梭	0	0	0	0	0	0	0	0
提前梭2	0	0	0	0	0	0	0	0
良子	0	0	0	0	0	0	0	0
辅助1	0	0	0	0	0	0	0	0

2 × 2

图7-12　辅助针配置

（8）纹板处理（生成纹板）　当组织表设置、辅助针设置完毕、投梭结束、样卡设置成功后，就可以生成关键的纹板文件。纹板处理时可以根据提花龙头的具体型号来选择所要生成的具体织造文件类型。

（9）纹板检查　在织造前，应该打开纹板文件，进行纹板检查，以确保成功。可以有检查纹板、检查纹针、EP方式检查等多种方式，本设计纹板检查结果如图7-13所示。

图7-13　纹板检查

（10）效果模拟　单击 “其他工具栏”，出现“没有找到一未命名文件”的对话框（第一次模拟时都会出现），输入相应的参数和信息：在左上方输入经纬线组数、装造类型后，还需输入经纱排列顺序、纬纱密度（根/cm 或根/英寸）；在左下方输入织物模拟结果的品质参数、工艺类型；下方的扦经表、道具表在需要时才在前面打钩。在右上方输入经纬线颜色数，在经纬纱线上单击左键会弹出“纱线库”的对话框，在这里可直接选用已存的纱线种类。选择意匠模拟，参数设置如图7-14所示，模拟效果如图7-15所示。

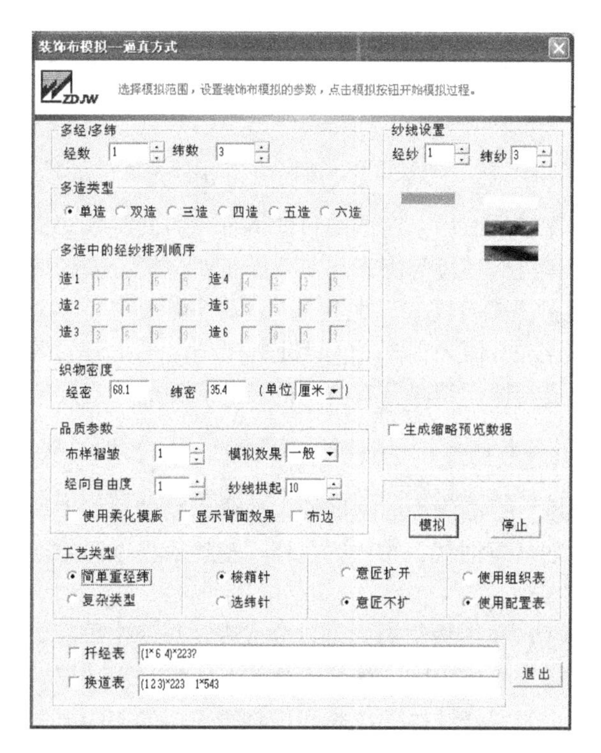

图 7-14 参数设置

图 7-15 模拟图片段

【知识拓展】

1. 重经组织窗帘

重经组织窗帘是两组或两组以上的经纱与一组纬纱交织而成，织物以经花来表现织纹效果，纬纱只起到固结经纱的作用。通过变化经纱在织物的浮长和经纱组合应用方式，形成各种经纱混色的织纹效果。常采用两组经纱或三组经纱来构成经二重或者经三重的组织结构，由于经纱组数越多，张力越不容易控制得均匀，所以生产高档提花窗帘面料时以经二重组织为主，这种结构有利于开发具有双面装饰效果的窗帘面料。

重经组织窗帘的纬密一般比经密要小，因此生产效率比重纬组织的窗帘要高。但重经窗帘改换花色品种首先要更换经轴装造，成本较大，所以它不像重纬窗帘那样品种繁多、花色变换迅速。

重经窗帘在用色上，以各组经色的混合色为基准，纬纱色可以先不考虑，配合组织结构的变化，确定所需使用的套色数，如经二重提花窗帘，基准色为经三色(甲经色、乙经色、甲乙经混合色)，若所配的基本组织是三种，则所需的套色数为 9 色，也就是该品种的纹样设计可以用九套色来设计。

重经窗帘的组织设计表现为地、花组织合一，地组织、花组织以各种形式的经面组织进行配置，少用纬面组织。经组数越多，组织变化数越多，织物表面的织纹效果也更丰富。

生产重经窗帘时，当各组经纱的织缩率不同时，需设两个或两个以上的经轴。上机时，张力控制要求不严的一组经纱用消极式送经(一般为上轴)，而张力控制要求较严的一组经纱用积极式送经(一般为下轴)。

2. 双层组织窗帘

随着我国人们生活水平的不断提高，落地窗广泛应用，窗帘面料的流行趋势向阔幅、提花、绚丽华贵发展。由于建筑风格、生活习俗和自然环境等因素，东亚一带对窄幅、表里凹凸感、粗细感强烈的双层小提花系列的窗帘面料亦颇有需求，尤其是日本和韩国等。

双层组织织物由两个系统的经纱与两个系统的纬纱在同一台织机上按一定规律分层各自交织而成，上下层之间可通过多种方式连接成一体，织物具有特殊的质感和性能。双层小提花系列的窗帘面料，表层多为格花组织，里层多为$\frac{4}{1}$、$\frac{3}{1}$的斜纹或贡缎组织，质地柔软、致密，结构稳定。双层组织还能增加织物的厚度，提高织物的耐磨性，改善织物的透气性。表层风格粗犷，有麻感，格花效果突出；里层则呈现细腻、柔和的风格，整体给人以温馨淡雅的灵秀之美。

双层窗帘是由两组经纱与两组纬纱交织而成，在织物结构上可以分成表、里两个层面。织物表面效果由表经表纬交织而成，里经里纬则交织成织物的里层，也就是织物反面效果。在设计上常常通过变化表里经纬纱的组合方式、表里经纬纱的浮长和织物表里层的接结方法来形成各种混色织纹效果。织物的经纬纱组数越多，织物的表面效果越丰富。

与重经重纬窗帘相比，双层窗帘增加了纱线的组数，因此在经纬纱的原料和配色上的选择余地增加。

双层窗帘的装造基本上和重经窗帘相同。在电子提花机上一般采用普通装造，特殊情况下也有多造织制。双层纹织物纬向处理同重纬织物，意匠图上的一横格代表重叠的数根纬纱。

双层窗帘经向有两组经纱，上机装造和生产前的扦经、穿结经工艺较复杂，另外纬向也有两组纬纱，增加了纬纱的上机准备工作的工作量和复杂性，加上织物纬密偏大，这样就降低了产品的生产效率。

【技能训练】

要求进行相关市场调研，以小组形式完成技能训练项目，通过训练，要求能够认识提花窗帘织物的特点，能够正确分析出提花窗帘面料的各部分组织以及各项重要参数，能够熟练地利用纹织 CAD 软件对提花窗帘面料进行设计与模拟。

1. 认识提花窗帘面料

进行市场调研和搜集资料，尝试通过感官体验织物样品的特征和性能，正确区分不同类型的提花窗帘面料。完成市场调研报告，并使用 PPT 分组汇报。

2. 提花窗帘面料的分析设计

① 根据提供的织物样品，进行正反面、经纬向鉴别。
② 原料成分、线密度测定。
③ 经纬密测定、组织分析。
④ 原料规格参数的分析并填写织物规格单，填写分析表格。

⑤ 运用 CAD 软件的绘图工具栏临摹一床品或台布的纹样图案。

3. 提花窗帘面料产品设计

(1) 确定要设计的提花窗帘面料品种的规格。

(2) 纹样设计

① 采用纹织 CAD 绘制纹样，指出纹样布局、结构和特点。

② 一花花纹循环的宽度和长度。

(3) 装造工艺设计

① 确定装造类型。

② 纹针数计算和样卡设计。

③ 通丝计算。

④ 纹板样卡设计。

⑤ 采用纹织 CAD 绘制纹板样卡图。

(4) 意匠设计

① 织物小样参数输入。

② 意匠勾边、设色、设置组织。

③ 投梭。

④ 填组织配置表。

⑤ 选择纹板样卡和辅助针表设计。

⑥ 生成纹板和检查纹板。

⑦ 织物效果模拟。

项目八　提花沙发布分析与设计

【任务目标】

（1）通过对提花沙发布样品的欣赏、观察与接触，增加对织物的感性认识，熟知提花沙发布的分类与特征。

（2）能够借助织物分析工具，熟练、正确地分析双层提花沙发布。

（3）能进行典型双层提花沙发布的模仿与创新设计，掌握织物设计与生产的关键技术点。

【知识准备】

（1）通过市场调研，观察、认识实物面料，对提花沙发布有一定的感性认识。

（2）查阅提花沙发布设计与生产相关知识与资讯，搜集、整理、归纳双层提花沙发布产品分析、组织设计、花型设计、CAD意匠编辑与工艺处理、生产织造、后整理等知识。

任务一　认知提花沙发布

一、提花沙发布分类

提花沙发布（图 8-1）是采用大提花工艺和技术形成的家具覆饰织物，该类织物手感丰厚、花型层次分明，色彩丰富，组织结构特殊，表面摩擦系数高，尺寸稳定性好，且具有防污、抗菌、阻燃等功能。

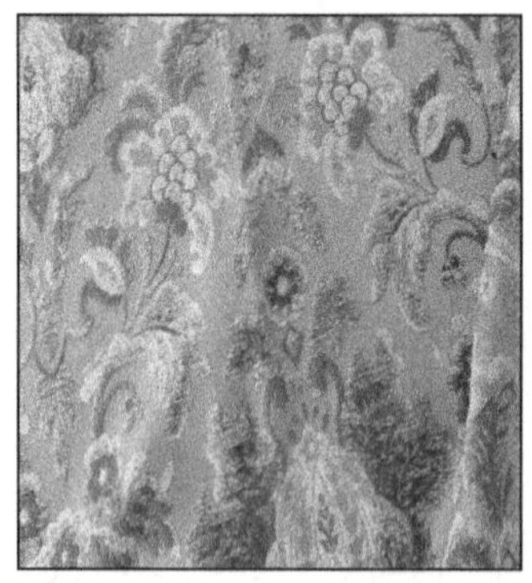

图 8-1　提花沙发布

提花沙发布品种很多，按使用的原料来分，主要有棉提花沙发布、棉金丝提花沙发布、涤棉金丝提花沙发布、亚麻提花沙发布、雪尼尔提花沙发布、涤纶提花沙发布等。从使用的经纱颜色数来分，主要有单色经提花沙发布和多色经提花沙发布，其中多色经提花沙发布的典型品种有四经三纬、五经三纬、六经三纬等提花沙发布；按组织来分，有单层提花沙发布、重纬提花沙发布、双层提花沙发布、多层提花沙发布；按工艺流程可分为，有色织提花沙发布、割绒提花沙发布等。

二、提花沙发布原料

原料对织物的品质风格起着重要的影响作用。提花沙发布所用的原料主要有棉、亚麻、金银丝、雪尼尔纱、低弹丝、网络丝等。不同的原料，会使织物的光泽、内在质量、织缩率、吸色能力（染料上染能力）、价格定位不同。如从风格角度来看，用棉麻可以生产自然质朴、线条感强的提花沙发布，而用涤纶或黏纤雪尼尔纱可以生产粗犷厚重的织物。从价格角度来看，同样克重的面料，涤纶的最便宜，全棉的贵一点，亚麻的贵很多。

在实际原料选用中，低弹丝、网络丝、雪尼尔纱是比较常用的。如涤纶低弹丝 100 旦、150 旦、300 旦，网络丝 50 旦、75 旦、100 旦、300 旦，有光低弹网络丝 100 旦、150 旦、300 旦，黏胶雪尼尔纱 4.5 公支、5 公支、5.5 公支、5.2 公支，涤纶雪尼尔纱 3.5 公支，腈纶雪尼尔纱 4 公支。

三、提花沙发布的色彩与图案

提花沙发布作为家具表面的软装饰材料，在室内环境中起到了调节、活跃色彩气氛的作用。这种家具覆饰织物常常随着家具的形体变化而变化，在纹样设计时应注意与周围环境相匹配，避免只追求平面的美感而忽视立体展现及整体装饰美感（见图 8-2）。

图 8-2 提花沙发整体装饰美

提花沙发布的纹样分为传统纹样和现代纹样，传统风格的提花沙发布纹样多为变形花卉图案、风景建筑图案、几何图案等，这些图案花型大方，结构丰满，常以四方连续形式布局，见图 8-3（a）。而现代风格中，多用抽象图案，其更多地在于追求材料的质感与肌理效果，见图 8-3（b）。在色彩上，传统家具覆饰织物以中、深色调为主，形成了紫红、棕黄、暗绿、烟灰四大色彩系列。现代设计在色调上多选用明快、怡人的乳白、象牙黄、淡灰色等低彩度的浅色色调。

四、提花沙发布组织

为了满足提花沙发布耐磨、手感丰厚、花型层次分明、色彩丰富等特性，提花沙发布多用重纬、双层织物及多层织物进行交织，有时会将重纬与双层、多层等组织综合起来使用。

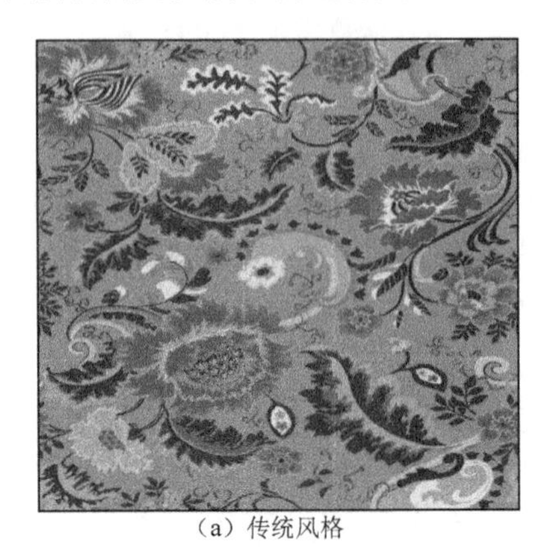
（a）传统风格

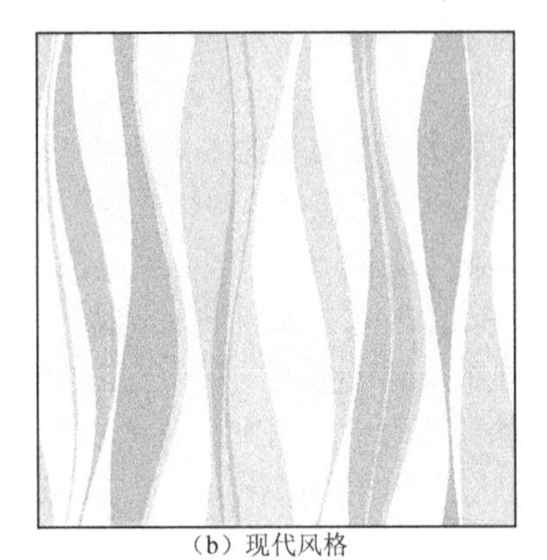
（b）现代风格

图 8-3 提花沙发布纹样

重纬提花沙发布是利用一组经纱和二组或二组以上的纬纱进行交织，纬重的结构越多，则纹织物的组织层次和色彩变化就越多，并且纬纱的重叠结构，会使花纹部分有背衬的纬纱，从而增加了花纹牢度和立体感。如某薰衣草雪尼尔纬二重提花沙发布，规格为 150 旦涤纶网络丝白×（4 公支黏纤雪尼尔咖啡+7 公支棉纱米黄）640 根/10cm×230 根/10cm 320cm，意匠设色花、地两种，花部组织为表组织 20 枚 7 飞的纬面组织与里组织 10 枚 3 飞的经面缎纹形成的纬二重组织；地部为表组织是$\frac{1}{3}\nearrow$与里组织$\frac{19}{1}\nearrow$形成的纬二重组织。织物表面雪尼尔纱赋予的独特的风格和绒毛手感，装饰实用效果强。

另一种常用的组织是双层及多层织物，采用两组经纱和两组纬纱形成双层结构的织物称为双层纹织物。采用多组经纱和纬纱交织形成三层或三层以上结构的织物称为多层纹织物。双层织物常见组织结构类型有表里接结、填芯接结、表里换层。这类织物通过经纬纱颜色不同与组织配合形成更为丰富的表面肌理效果。如某云纹双层提花沙发布，规格为 150 旦低弹网络丝紫色×（150 旦有光涤纶长丝黄+R21 英支/2 棉纱紫 1∶1））360/10cm×280 根/10cm 150cm，意匠设色 3 种，地部为表组织$\frac{1}{2}$下，里组织$\frac{1}{1}$构成的空心袋组织，紫色棉纱做表纬；花部 1 组织同地部组织，特别之处在于用有光涤纶长丝做表纬。花部 2 为 5 枚纬面缎纹做表组织、5 枚经面缎纹做里组织，有光涤纶长丝做表纬形成的纬二重组织。这三种组织与纱线配合，使织物表面形成凹凸立体空心袋高花装饰效应。

任务二 提花沙发布实物分析

一、正反面分析

提花沙发布的正反面的判定最主要是以花纹轮廓和色彩搭配的效果、花与地的造型效果、织物光泽、织物密度、布边状态等来判断。

练一练

如图 8-4 样品，该提花沙发布正面花与地、花与花之间的块面区分明显，地部有明显的绉纹装饰效应，花部米黄色亮丝装饰效果凸显，而反面花纹美观装饰效果和光泽与正面相比欠佳，花纹有种模糊朦胧的感觉。

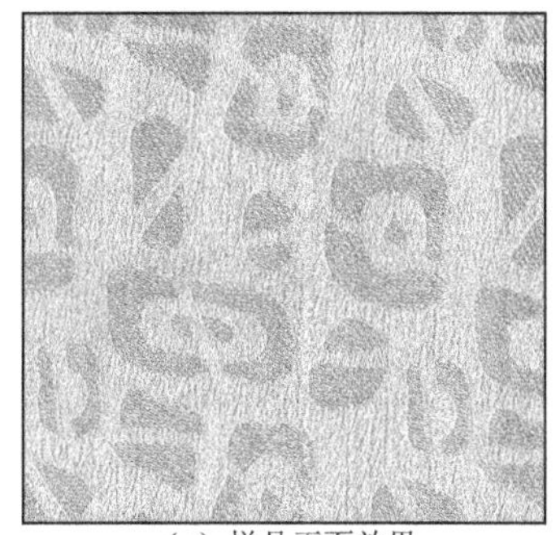
（a）样品正面效果

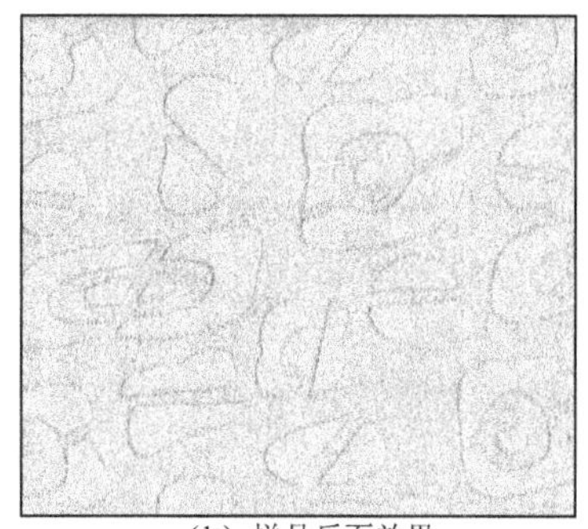
（b）样品反面效果

图 8-4　双层提花沙发布正反面

二、取样

提花沙发布的取样位置到长边（或卷边）的距离不小于 5cm，到布边的距离不小于 10cm。此外，样品不应带有显著的疵点，并力求其处于原有的自然状态，以保证分析结果的准确性。取样的大小一般以花纹循环或具有代表性的花纹组织结构处为主，也可根据实际需要选取，但要注意节约并保证分析的准确性。本产品取样依据尺寸比一花循环大小稍大，为 20cm×20 cm。

三、经纬纱密度测定

经纬纱密度会采用直接测数法、间接测定法、拆纱法等测出 10cm 内的经、纬纱根数。利用直接测数法时，先分析出经向色纱排列状态、纬向色纱排列状态、表里经排列比、表里纬排列比，然后分别数出正面颜色根数、反面颜色根数及处于中间的颜色根数，将这三个部分的颜色根数相加即得总经密和总纬密。为了防止出现差错或不准确，可在分析样品的不同部位测量 3～4 次，然后取其平均值。

本产品经测量计算织物经密为 670 根/10cm，纬密为 284 根/10cm。

四、原料鉴别

提花沙发布所用的原料有棉、麻、竹纤维、金银丝、雪尼尔纱、涤纶低弹丝、涤纶网络丝等。不同的原料鉴别时常用的分析方法有定性分析法和定量分析法。定性分析法首先可以通过手感目测法对产品原料做经验判定，然后结合燃烧法、显微镜观察法判断出纤维大类，有经验的分析和设计人员长时间接触产品后会对产品的原料做出90%以上的正确判断。如果产品的原料用定性分析法判断不清楚，可以先根据经验法判断出大类纤维类别，然后再根据化学分析法进行具体鉴别。

本例产品原料鉴别时，首先从织物经纬向分别抽出纱线，运用经验法、燃烧法判断米色经纱为半消光涤纶重网，纬纱有两种原料，一种是米黄色弱捻有光涤纶丝，另一种是白色棉股线。经验法的积累经常是将已知规格的各种纱线原料规格搜集整理成册，将现有原料的粗细、形状、光泽和标准样进行比较获取。如果对于初次分析的设计人员来讲，可以先用燃烧法和显微镜鉴别纵截面法判断出大类品种，然后再用切片法、溶解法等判断纤维的具体成分。

五、纱线线密度测量

纱线线密度的测试方法常用比较法和称重法。将待测纱样与已知规格的纱线做比较，然后从粗细、外形状态、弹性、捻度、截面根数、捻向、股数等判断出线密度。另外用称重法测量纱线线密度时注意将相同规格的经纬纱线可以放在一起进行称重，然后测量抽出的纱线的自然伸直长度，计算出称重纱线所有纱线的总长度，根据定长制或定重制的计算方法来计算经纬纱线密度。

本例测出米色经纱线密度为177dtex（160旦），纬纱米黄色亮丝为556dtex（500旦），纬纱白色棉纱线密度32tex×2（18英支/2）。

六、织物组织分析

提花沙发布织物组织主要有双层组织、多层组织、重纬组织、重经组织等。在分析时主要依据正反面花地各区的显色效应；经纱排列、纬纱排列；表经与表纬、里经与里纬、中间层经纱与中间层纬纱的交织规律；上接下、下接上接结点的交织规律。分析的方法主要有直接观察法、拆纱分析法，有时会将这两种方法综合起来使用。具体分析时，可以将地部、花部、勾边处组织独立进行分析。针对具体部位，先判断显色效应和经纬纱排列状态，然后根据不同的纬纱与经线的交织规律做出组织。

练一练

① 确定织物经纬纱排列状态，织物经向的色纱的两个系统经纱均为米色，纬向色纱排列循环是2亮米黄1白。可在意匠纸上先将纬纱的排列状态标记在意匠纸上，经纱表里排列视具体区域组织效应决定。

② 先确定地部组织，观察地部可以看到亮米黄色弱捻纬线与米色重网经纱以平纹组织交织，可以看到白色纬纱与米色经纱也以平纹组织交织，还可以观察到该双层织物是有接结点的组织，具体拆发分析发现，是里经接表纬组织点，且接结点呈不规则的运动规律。借助最佳位置的自然光源、照布镜等工具认真对整个地部组织48根纱进行分析后才得出整个地部

双层组织的循环。最终组织图见图 8-5（a）。

③ 观察花部，可以看出是亮米黄色纬纱、白色纬纱与米色经纱交织形成的纬二重组织。拆纱分析发现，亮米黄色纬纱与米色经纱以 16 枚不规则纬面缎纹组织交织，白色纬纱与米色经纱以平纹组织交织。根据表里纬排列比做出最终组织图见图 8-5（b）。

④ 观察花部边缘的勾边组织，分析发现表面显示米色经纱，背面显示米色与白色的混色效应，拆纱分析发现组织交织规律为五枚三飞经面缎纹。最终组织图见图 8-5（c）。

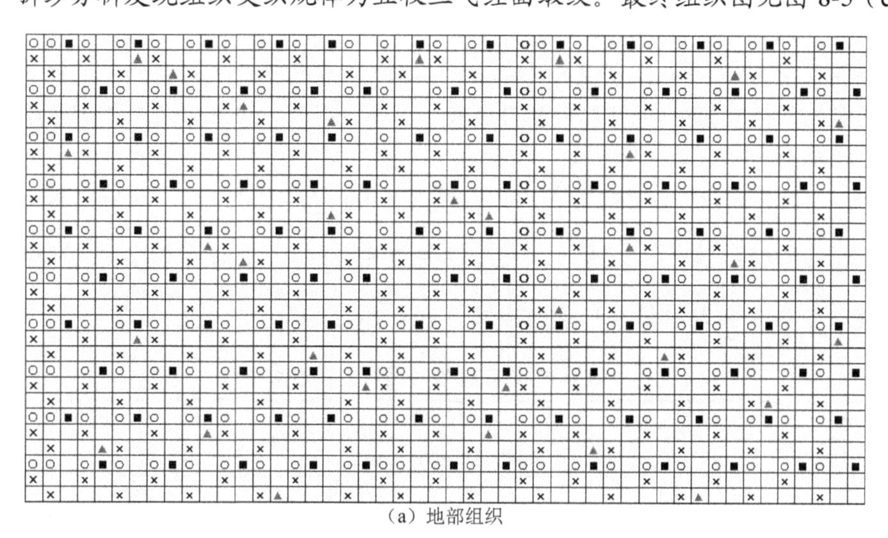

（a）地部组织

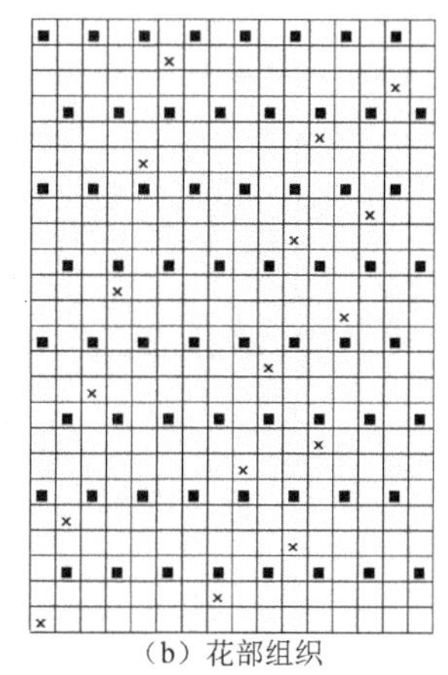

（b）花部组织

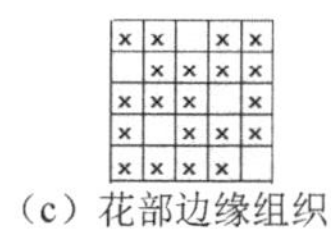

（c）花部边缘组织

图 8-5 几何纹提花沙发布组织图

×—表经组织点；■—里经组织点；▲—接结点；○—织里纬表经提升经组织点

七、测定经纬纱织缩率

练一练

经测量计算得到米色经纱织缩率为 2%，亮黄色纬纱织缩率为 2%，白色纬纱织缩率为 1.5%。

八、测量全幅花数、每花长度和宽度

观察样品，测量外幅为152cm，布边各1.2cm，内幅149.6cm。找出织物一个花纹循环大小并测量尺寸，从而可得全幅花数和总经根数。

测得样品长度为17.7cm，宽度为18cm；根据经纬密度和花纹循环的长度和宽度，计算一花循环的经纬纱根数为:一花循环内的经纱数：18×67=1206，修正为地部花部组织经纱循环数48、16、5的整数倍，取1200根；纬纱数：17.7×28.4=502根，修正为地部花部组织纬纱循环30、24、5的整数倍，取480根；内经根数为149.6×67=10024根，同时可得全幅花数为8.35花，测量边部组织为$\frac{2}{2}$经重平，边经根数为80×2根，则总经根数为10184根。

记录分析结果，完成织物分析表格填写，见表8-1。

表8-1 提花沙发布面料分析表

<table>
<tr><td>样品名称</td><td>沙发布</td><td>用途</td><td colspan="2">家具覆盖</td></tr>
<tr><td>样品外幅/cm</td><td>152</td><td>每花长×宽/cm×cm</td><td colspan="2">17.7×18</td></tr>
<tr><td>样品内幅/cm</td><td>149.6</td><td>全幅花数</td><td colspan="2">8.35</td></tr>
<tr><td rowspan="3">色经排列</td><td>160旦半消光涤纶重网</td><td>一花经纱根数</td><td colspan="2">1200</td></tr>
<tr><td></td><td>内经根数</td><td colspan="2">10024</td></tr>
<tr><td></td><td>全幅总经根数</td><td colspan="2">10184</td></tr>
<tr><td rowspan="3">色纬排列</td><td>500 旦米黄色弱捻有光涤纶丝</td><td>边纱根数</td><td colspan="2">80×2</td></tr>
<tr><td>32tex×2 白色棉股线</td><td rowspan="6">织物组织</td><td rowspan="2">地部</td><td rowspan="2">双层组织</td></tr>
<tr><td></td></tr>
<tr><td>经纱织缩率 a_j/%</td><td>2</td><td rowspan="3">花部</td><td>纬二重</td></tr>
<tr><td>纬纱织缩率 a_w/%</td><td>2，1.5</td><td>$\frac{5}{3}$经缎</td></tr>
<tr><td>经密/（根/10cm）</td><td>670</td><td></td></tr>
<tr><td>纬密/（根/10cm）</td><td>284</td><td>边部</td><td>$\frac{2}{2}$经重平</td></tr>
</table>

九、纹织CAD绘制纹样

纹样绘制时，先选取一个花纹循环，测量织物的花宽，计算出一花循环经、纬线数；第二步用纹织CAD软件绘图工具栏或其他绘图软件绘制纹样，也可用扫描仪将纹样分块扫描保存；第三步，打开CAD，设置好小样参数，将扫描的纹样引入CAD中进行分色、选色、编辑与修饰。

① 选取一个花纹循环。

② 利用分析出经密、纬密、花长、花宽、经纬纱织缩率等计算出经线数、纬线数。打开 CAD 在小样参数对话框中输入经密 67 根/cm、纬密 28.4 根/cm，经线数 1190，纬线数 480。

③ 经组织分析，样品主要有 3 个组织，因此意匠设色分别设为 3 色，意匠勾边依照经纬组织循环根数和图样走势进行。

④ 利用纹织 CAD 软件绘图工具栏或其他绘图软件绘制纹样，也可将扫描好的纹样导入纹织 CAD 中并进一步进行调整修饰、分色、去杂等编辑处理完成一个完整花纹循环的绘制，见图 8-6。

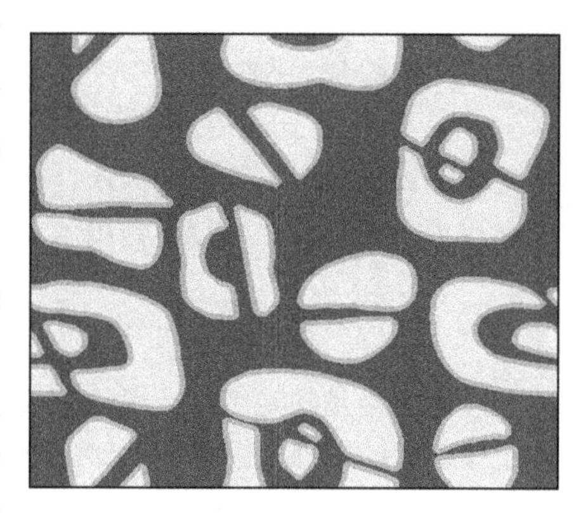

图 8-6 几何纹提花沙发布纹样图

任务三 提花沙发布产品设计

提花沙发布产品的设计实施主要通过实例阅读与欣赏，理解典型双层提花沙发布的设计构思与 CAD 处理过程，并依次先模仿设计，然后进行改进或创新设计。推荐实例为四色经三色纬双层提花沙发布设计实施。

一、产品成品规格

产品以丰收的田园景象为设计灵感，以蓝天白云照耀下太阳花为主题，以咖啡色、红色、黄色、蓝色为纱线颜色，以平纹双层表里接结组织为地组织，三层组织为花组织，与经、纬纱线进行完美搭配，使布面形成咖啡地、红花、黄花、蓝花四种效应。产品色彩明丽、花型大方，立体感强、手感丰厚，弹性好、质地坚牢，花纹表面的经纬浮点构成了微小的按摩点，符合人体对沙发面料的使用需求，是沙发面料中的高档产品，规格见表 8-2。

表 8-2 四色经三色纬双层提花沙发布规格

品名	太阳花	每花长×宽/cm×cm	63×75
成品外幅/cm	152cm	全幅花数	2
成品内幅/cm	150cm	筘号/（齿/10cm）	5.14
经密/（根/10cm）	320	筘入数	6
纬密/（根/10cm）	240	筘幅/cm	158
总经根数（根）	4860	内经根数/根	4800
经纱规格	A. 333dtex（300 旦）半消光涤纶长丝 咖啡色 B. 125tex×2（8 公支/2）黏/麻混纺纱 黄色 C. 125tex×2（8 公支/2）黏/麻混纺纱 红色 D. 125tex×2（8 公支/2）黏/麻混纺纱 蓝色 色经排列：A1B1A1C1A1D1		
纬纱规格	A. 143tex（7 公支）涤纶纱 咖啡色 B. 125tex×2（8 公支/2）黏/麻混纺纱 黄色 C. 125tex×2（8 公支/2）黏/麻混纺纱 红色 色纬排列：A1B1A1C1		

二、工艺规格计算

工艺规格计算包括坯布规格计算与上机规格设计计算。坯布在生产时，都需要将成品规格转化为坯布规格，继而计算出上机规格，为纱线准备、装造、织造等环节提供技术参数。

1. 坯布规格计算

坯布规格是制定织物上机工艺参数的依据，随织物品种与生产加工工艺的不同而不同。确定该产品的整理长缩率为1.5%，整理幅缩率为1%；织造长缩率为4%；织造幅缩率为2.5%。

坯布经密=成品经密×（1−整理幅缩率）= 320×（1−1%）= 316（根/10cm）

坯布纬密=成品纬密×（1−整理长缩率）= 240×（1−1.5%）=236（根/10cm）

$$\text{坯布幅宽}=\frac{\text{成品幅宽}}{1-\text{整理幅缩率}}=\frac{152}{1-1\%}=154(\text{cm})$$

2. 上机规格计算

$$\text{筘号}=\frac{\text{坯布经密}\times(1-\text{织造副缩率})}{\text{每筘穿入数}}\times\frac{1}{10}$$

$$=\frac{316\times(1-2.5\%)}{6}\approx 5.14\ (\text{齿/cm})$$

$$\text{筘幅}=\frac{\text{坯布幅宽}}{1-\text{织造织缩率}}=\frac{150.0}{1-2.5\%}\approx 158\ (\text{cm})$$

总经根数=成品经密×成品幅宽/10=320×152/10=4864，根据纹样宽高循环数和每筘穿入数要求，修正为4860，边经用经纱30×2根，布边组织为$\frac{2}{2}$经重平。

三、组织与纹样

太阳花四色经三色纬提花沙发布，利用原料特性、不同颜色经纬纱与双层表里接结组织配合，形成了咖啡地、红花、黄花、蓝红混色花。为了能有很好的花纹效果，花纹与花纹、花纹与地部块面分明，边界过渡自然。纹样是以花卉，满地布局，构图四方连续排列为主。纹样宽75cm，长（高）75cm。一个花纹循环数为2400根，全副花数为2。具体纹样图见图8-7，从图中可以看出白色区域代表咖啡地，暗红色区域代表红花，土黄色代表黄花，蓝色区域代表蓝花，四个区域对应的组织见图8-8。

图8-7　四色经三色纬双层提花沙发布纹样

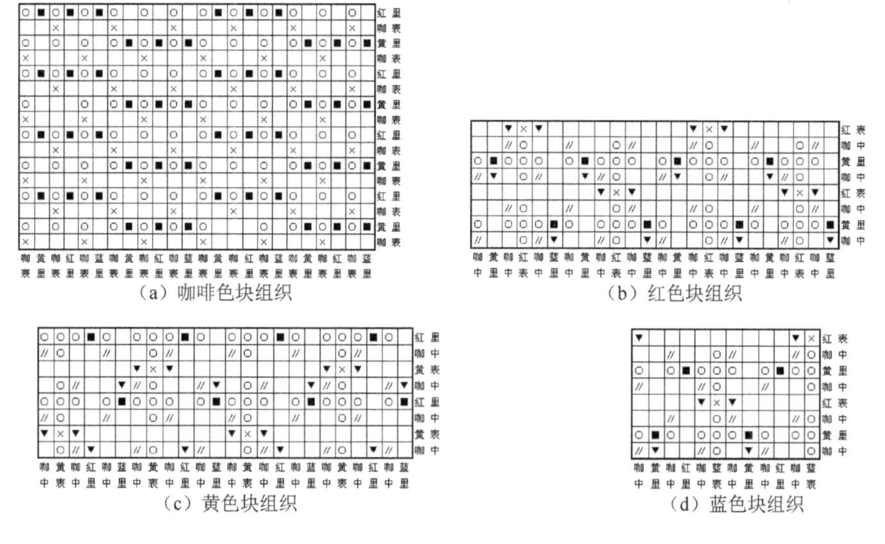

（a）咖啡色块组织 （b）红色块组织

（c）黄色块组织 （d）蓝色块组织

图 8-8 提花沙发布组织图

四、装造工艺设计

1. 装造形式

采用 2688 针号的提花龙头，正织。

2. 纹针数计算

纹针数=花纹循环经纱数=成品经密×纹样宽度=320×75/10=2400 针

根据边部组织和宽度，边部实际用针数为 30 针。

3. 样卡设计

2688 针电子提花机的纹针共有 16 列，168 行，设计的提花沙发布需用纹针 2400 针；边针穿入 30 针，余针数安排功能针和空针。

4. 通丝把数和每把通丝数

每把通丝数=花数=2 把

通丝把数=纹针数=2400 把

总通丝数=4800 根

5. 目板计算与穿法

所用目板的穿幅=筘内幅+2=158+2=160cm

所用目板列数=等于提花机本身所具有的纹针列数=16 列

$$所用目板行数=\frac{内经纱数}{选用列数}=\frac{4800}{16}=300行$$

$$每花实穿行数=\frac{一花经纱数}{目板列数}=\frac{2400}{16}=150行$$

目板分 2 个花区， 采用顺穿法，沿横向，从目板的左后角穿到右前角。

五、纹织 CAD 意匠编辑与工艺处理

（1）意匠设置　在纹织物 CAD 系统中打开已绘制好的图像，扫描工具栏中的 F 处于按下状态，直接点击纹样中的 4 种颜色进行手工分色。然后按扫描工具栏的 🗋，弹出对话框，设置意匠的一些参数。

由于该织物为双层组织，可先输入表层经纬密然后重设意匠进行意匠展开，可以确保意匠展开后为双针双梭勾边。规格参数输入：

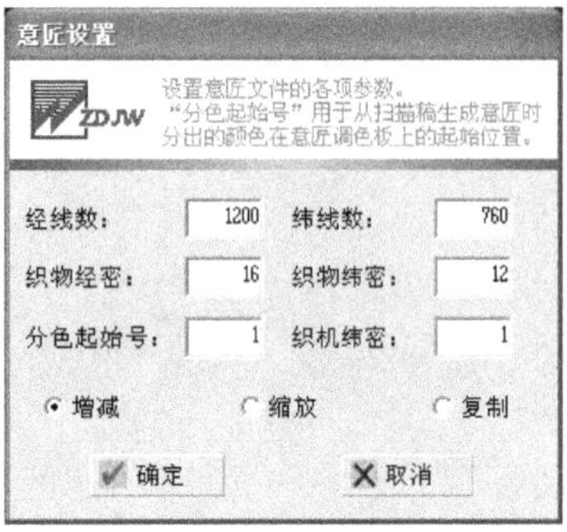

织物表经经密=16 根/cm

织物的表纬纬密=12 根/cm

纵格数=表经根数=2400/2=1200 根

纬纱根数=纬密×纹样长度=240/10×63=1512 根，修正为纬纱组织循环数 16 的整数倍 1520 根。

横格数=表纬根数=1520/2 = 760（根）

将上述数据以图 8-9 的形式输入纹织 CAD，可对意匠图大小和规格进行设置，此时，一个意匠纵格和横格均代表 2 根纱线。

意匠设置
设置意匠文件的各项参数。
“分色起始号”用于从扫描稿生成意匠时分出的颜色在意匠调色板上的起始位置。
经线数：1200　纬线数：760
织物经密：16　织物纬密：12
分色起始号：1　织机纬密：1
增减　缩放　复制
确定　取消

图 8-9　意匠设置

（2）意匠勾边　打开纹织 CAD 中再次对纹样进行细节修饰，如某个色块中心混有其他色杂点的处理；花部与花部之间局部轮廓不清晰的处理等；纹样接回的处理等。

对于修饰好的纹样，才可以进一步进行勾边等意匠图处理。

该织物采用双层组织，用电子提花机单造单把吊织造，采用不展开方式，可采用自由勾边的方式。

部分意匠图见图 8-10。

（3）重设意匠　对该双层组织可采用意匠展开处理，故需重设意匠。意匠展开后可确保意匠为双针双梭勾边。

点击工艺工具栏的图标，将实际经纬密输入，缩放，重设意匠，如图 8-11 所示。

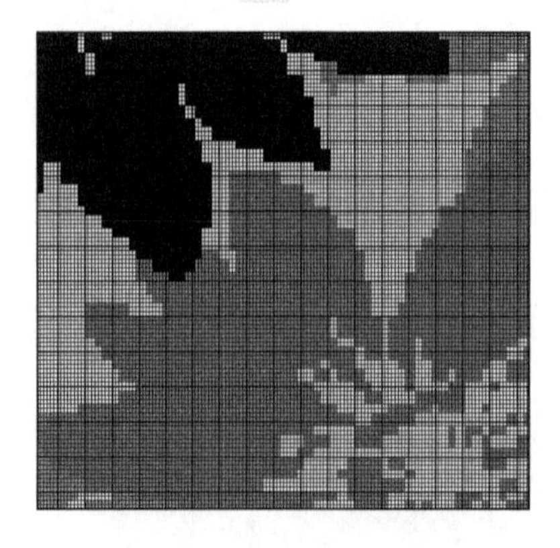

图 8-10　意匠片段图

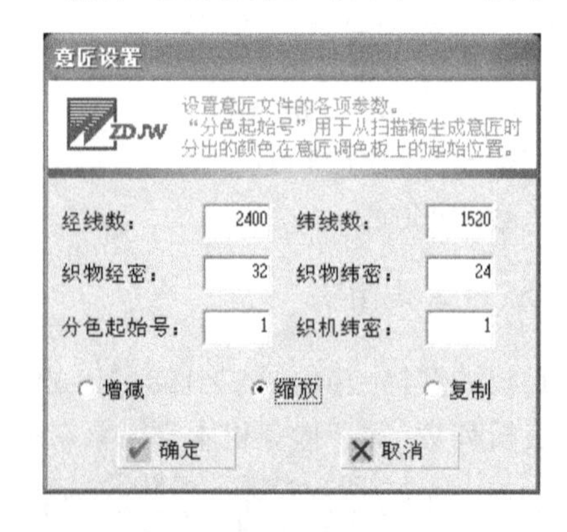

图 8-11　重设意匠

（4）织物组织设置 由于采用意匠展开方式，因此需将图 8-8 中组织图分别设定组织代号并存入组织库。分别设为 p24-1、p24-2、p24-3、p12-1 四个组织代号。

（5）生成、保存投梭 该织物为双层提花沙发布，采用单造织造，用意匠展开方式处理，织物色纬排列为 A1B1A1C1，在浙大经纬纹织 CAD 软件中，生成投梭文件可按如下利用辅助针功能进行投梭。

点击“工艺工具栏”中的 “设置辅助针”功能键，“辅助针”中的意匠图右边出现两块区域，前面一块是由 1 号色分割出的区域投梭针区，后面一块由 2 号色分割出的区域选纬针区。点击“绘图工具栏”中的 “自由笔”功能键，然后在选纬针区域用 1#色、2#色、3#色画好局部投梭规律（图 8-12），再点击主菜单栏的 “局部选择”按钮，选中已画好的局部投梭规律，出现四角箭头，然后直接拖动选中区域实现粘贴，循环往复直至投梭规律完成结束。这时点击“工艺工具栏”中的 “投梭”功能键，再左键随意点击选纬针区域，便可将投梭规律复制到投梭框内。如图 8-13 所示。

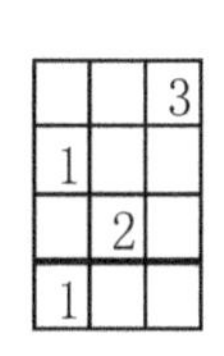

图 8-12 A1B1A1C1 投梭规律

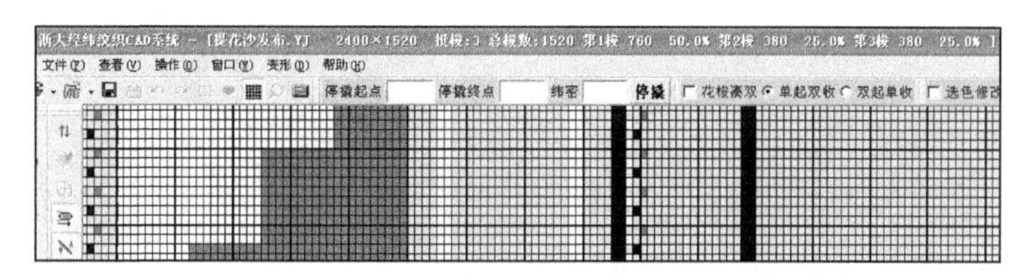
图 8-13 投梭图

（6）组织表配置 点击“工艺工具栏”中的“组织表”功能键，由于织物投梭为三梭，因此在填组织配置表时需在梭 A1、梭 A2 和梭 A3 三列对应的四个相应颜色的每个对应框中分别填入组织设置时所使用的组织文件名或组织别名即可。设置完毕，单击“存入意匠”，将把设置的内容存入当前的意匠文件中。如图 8-14 所示。

	梭A1	梭A2	梭A3	梭B1	梭B2	梭B3	梭C1	梭C2	梭C3	梭D1	梭D2	梭D3
1	24-1	24-1	24-1	0	0	0	0	0	0	0	0	0
2	24-2	24-2	24-2	0	0	0	0	0	0	0	0	0
3	24-3	24-3	24-3	0	0	0	0	0	0	0	0	0
4	12-1	12-1	12-1	0	0	0	0	0	0	0	0	0
5	0	0	0	0	0	0	0	0	0	0	0	0
6	0	0	0	0	0	0	0	0	0	0	0	0

图 8-14 组织表配置

（7）建立纹板样卡 根据电子提花机的型号，可以确定纹板样卡为 16×168 样卡形式，在该样卡上设置：左边针用 15 针，位置为第 130 针～第 144 针；右边针用 15 针，位置为第 2545 针～第 2559 针；主纹针 2400 针，位置为第 145 针～第 2544 针。

（8）填辅助组织表 点击“辅助针表”对话框，在辅助针表内填入所需要辅助针的 $\frac{2}{2}$ 经重平边组织文件名。辅助针表填好后可直接“存入意匠”。

（9）纹板处理（生成纹板） 当组织表设置、辅助针设置完毕、投梭结束、样卡设置成功后，就可以生成关键的纹板文件。纹板处理时可以根据提花龙头的具体型号来选择所要生成的具体织造文件类型。

（10）纹板检查 在织造前，应该打开纹板文件，进行纹板检查，以确保成功。可以有检查纹板、检查纹针、EP 方式检查（图 8-15）等多种方式。

（11）效果模拟　单击“其他工具栏”，打开 ，输入相应的参数和信息：在左上方输入经纬线组数、装造类型、多造后，还需输入经纱排列顺序、纬纱密度（根/cm 或根/英寸）；在左下方输入织物模拟结果的品质参数、工艺类型；在右上方输入经纬线颜色数、粗细，选定纱线种类。

该织物色经排列为 A1B1A1C1A1D1，色纬排列为 A1B1A1C1，需在下方的扦经表、换道表前面打钩，并根据花纹循环数计算输入（1 2 1 3 1 4）×400、（1 2 1 3）×380。

选择意匠模拟，参数设置如图 8-16 所示。

图 8-15　EP 方式检查纹板

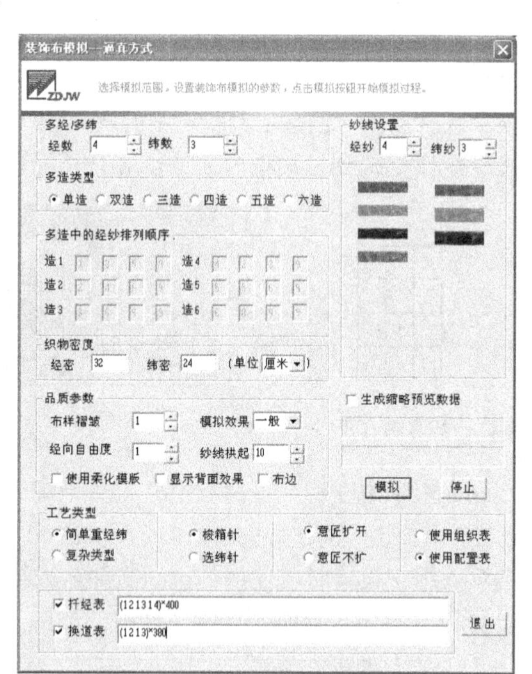

图 8-16　模拟参数设置

模拟效果图（局部）如图 8-17 所示。

图 8-17　模拟效果图

条经提花沙发布的设计

1. 织物特点

条经提花织物的特点是采用多色经多色纬与不同图案配合成的色织提花沙发布。具体设计时，经纱共用6种颜色，按照2个主体色和1个次色配置，以一个花纹循环经纱数为主进行纵向排列；纬纱共用6种颜色，以（咖啡、米白）×2、（雪尼尔纱色、咖啡、米白、咖啡）×1 进行横向循环排列。织物正面地部显示咖啡色，组织结构有空心袋结构和表里接结组织结构状态；花部显示不同色纬和不同色经交织形成的带有清晰轮廓的花纹图案，花部形态有表里接结形成的雪尼尔纱花纹，混色效应的空心袋花。背面显示黏纤色纬与涤纶色纱、雪尼尔色纬与涤纶经纱配合形成横条装饰效果。该织物上机织造时采用反织法。

2. 织物规格

织物规格见表8-3。

表8-3 条经提花沙发布

品名	缤纷花园	每花长×宽/cm×cm	103×37.5
成品幅宽/cm	150	全幅花数	8
平方米克重/（g/m^2）	561	筘号/（齿/cm）	15
成品经密/（根/10cm）	640	筘入数	4
成品纬密/（根/10cm）	440	筘幅/cm	156.5
总经根数/根	9680	内经根数/根	9600
经线数/根	2400	纬线数/根	3720
经纱规格	A. 333dtex（300旦）有光涤纶网络丝 咖啡 B. 333dtex（300旦）有光涤纶网络丝 米白 C. 333dtex（300旦）有光涤纶网络丝 黄绿 D. 333dtex（300旦）有光涤纶网络丝 玫红 E. 333dtex（300旦）有光涤纶网络丝 天蓝 F. 333dtex（300旦） 有光涤纶网络丝 橘黄 扦经排列：（A1B1C1）×2400根+（A1B1D1）×2400根+（A1B1E1）×2400根+（A1B1F1）×2400根		
纬纱规格	A. 32英支/2 黏纤 咖啡 B. 32英支/2 黏纤 米白 C. 6N 黏纤雪尼尔 黄绿 D. 6N 黏纤雪尼尔 玫红 E. 6N 黏纤雪尼尔 蓝 F. 6N 黏纤雪尼尔 橘黄		

3. 织物纹样与意匠

纹样题材来源于自然公园中的花卉枝叶，布局为混地布局，一个花纹循环长度为103cm，宽度为37.5cm；根据经纬密度和花纹循环的长度和宽度，计算一花循环的经纬纱根数为

2400×3720，在编辑意匠纹样时需要向纹织 CAD 系统输入一些规格参数，样品织物的经密、纬密分别输入 64 根/cm、36 根/cm，一花循环内经纱数为 2400，纬纱数为 3720 经组织分析，样品组织分别共有 37 个，因此意匠设色分别设为 37 色。由于样布底布的表面组织主要是平纹，勾边就用平纹或者是双平勾边。纹样见图 8-18（a）、意匠图见图 8-18（b）。

4. 织物组织

织物基本组织共有 9 种，如图 8-19 所示。（a）～（e）为（雪尼尔纱色、咖啡、米白、咖啡）×1 纬纱循环条上的组织，（f）～（i）为（咖啡、米白）×2 循环条上的组织。

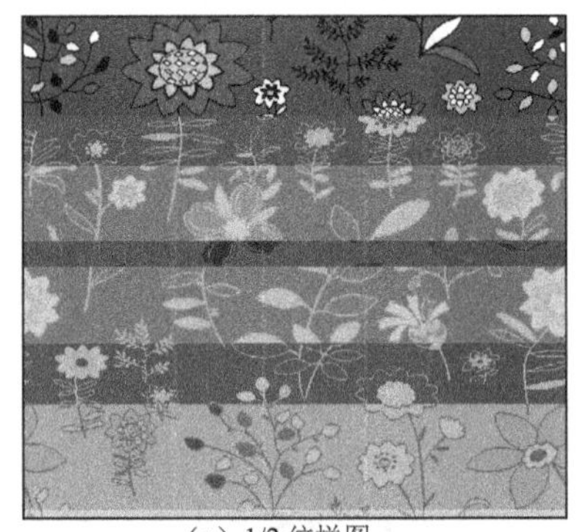
（a）1/2 纹样图

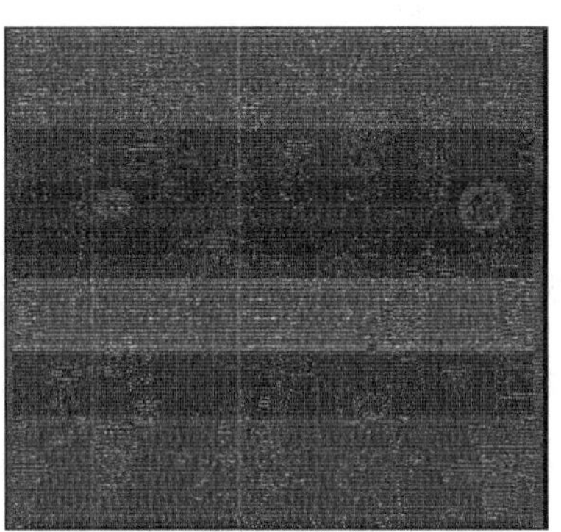
（b）1/2 意匠图

图 8-18　织物纹样图与意匠图

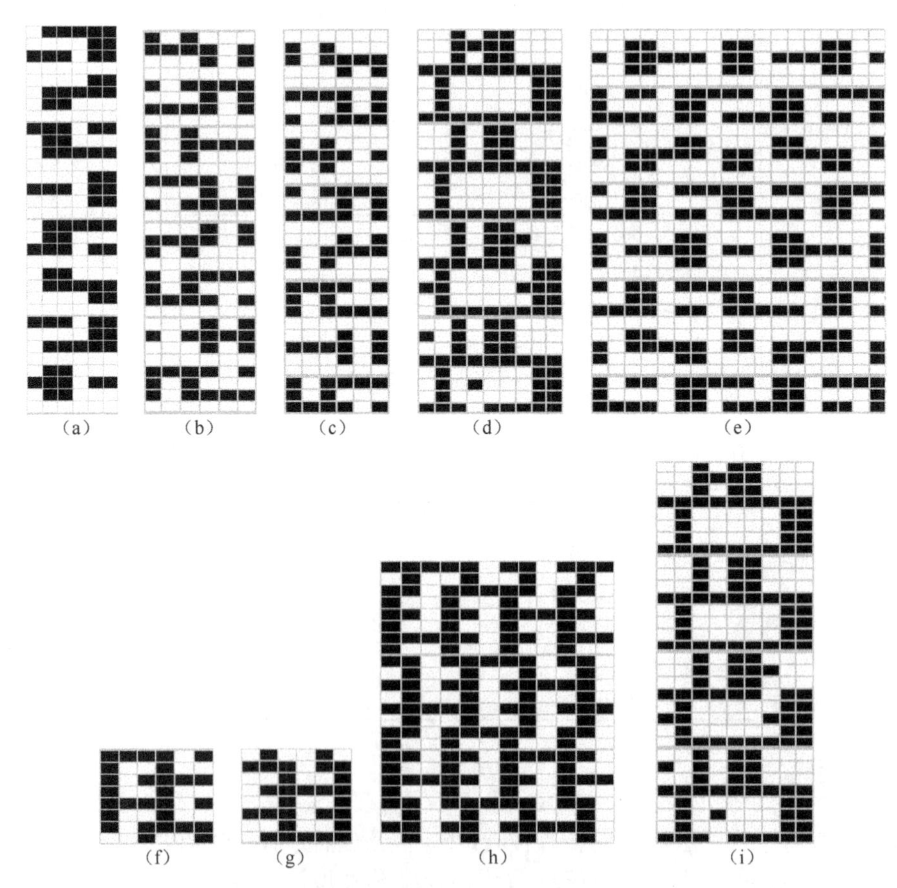

图 8-19　条经提花沙发布组织图

双层提花沙发布仿样设计与实施

（1）查阅资料，搜集、归纳、整理双层提花沙发布设计方法与内容，理解双层织物组织设计原理，理解织物色彩与组织对织物外观显色效果的影响。

（2）进行双层提花沙发布分析，主要分析提花沙发布的风格特征，正反面、经纬向、原料、纱线线密度及组合、色纱排列、织物密度、织物组织、单元纹样规格等内容，得出双层织物分析技巧，并填写分析单，见表 8-4。

表 8-4　提花沙发布分析单

产品名称			合同编号		成品克重	g/m^2
产品特征						
产品规格	成品门幅	cm	织物缩率		染整长缩率　%	染整幅缩率　%
	成品花回	长　cm　宽　cm			织造长缩率　%	织造幅缩率　%
产品贴样						
经纱	原料	规格	色号	纱线贴样		
	A：					
	B：					
	C：					
	D：					
	E：					
	F：					
	经纱排列：					
纬纱	原料	规格	色号	纱线贴样		
	A：					
	B：					
	C：					
	D：					
	E：					
	F：					
	纬纱排列：					
组织图						
备注						
分析		开单		复核		

（3）根据双层提花沙发布分析数据进行坯布规格、上机规格设计与计算，填写织造工艺单，见表 8-5。

表 8-5　提花沙发布织造工艺单

<table>
<tr><td>产品名称</td><td colspan="3"></td><td>合同编号</td><td></td><td>成品克重</td><td>g/m²</td></tr>
<tr><td rowspan="2">坯布规格</td><td rowspan="2">坯布幅宽</td><td rowspan="2" colspan="2">cm</td><td>坯布经密</td><td colspan="3">根/10cm</td></tr>
<tr><td>坯布纬密</td><td colspan="3">根/10cm</td></tr>
<tr><td rowspan="4">机上规格</td><td>筘外幅</td><td colspan="2">cm</td><td>机上经密</td><td colspan="3">根/10cm</td></tr>
<tr><td>筘内幅</td><td colspan="2">cm</td><td>机上纬密</td><td colspan="3">根/10cm</td></tr>
<tr><td>筘号</td><td colspan="2">齿/cm</td><td>每筘穿入数</td><td>内经</td><td colspan="2">边经</td></tr>
<tr><td>全幅花数</td><td colspan="2"></td><td>经纱根数</td><td>总经</td><td colspan="2">边经</td></tr>
<tr><td rowspan="7">织物装造</td><td colspan="3">装造形式</td><td colspan="4">正反织状态</td></tr>
<tr><td colspan="3">电子提花龙头规格</td><td colspan="4">纹针数</td></tr>
<tr><td colspan="3">通丝把数</td><td colspan="4">每把通丝数</td></tr>
<tr><td colspan="7">样卡规格</td></tr>
<tr><td colspan="3">目板规格</td><td colspan="4">目板穿法</td></tr>
<tr><td rowspan="2">穿综</td><td colspan="2">内经</td><td rowspan="2">穿筘</td><td colspan="3">内经</td></tr>
<tr><td colspan="2">边经</td><td colspan="3">边经</td></tr>
<tr><td rowspan="2">每米坯布用纱量</td><td colspan="7">经纱用纱量　g</td></tr>
<tr><td colspan="7">纬纱用纱量　g</td></tr>
<tr><td colspan="2">设计员______</td><td colspan="3">复核______</td><td colspan="3">审批______</td></tr>
</table>

（4）已知双层织物规格参数及纹样，利用纹织 CAD 软件工艺设计。

① 在纹织 CAD 系统中输入小样参数，将纹样导入进行调整和修饰。

② 根据分析组织，进行意匠设色，花纹勾边、间丝等工艺处理。

③ 进行组织设计，保存组织。

④ 生成、保存投梭。

⑤ 填写组织表。

⑥ 建样卡。

⑦ 填辅助组织表。

⑧ 纹板处理与检查。

⑨ 设计效果模拟。

（5）设计产品小样试制与总结交流。

根据设计的上机织造文件进行小样试制，记录实施过程中遇到的问题，并初步学会解决问题。

项目九 提花毛巾分析与设计

【任务目标】

（1）通过对提花毛巾样品的欣赏、观察与接触，增加对织物的感性认识，熟知典型提花毛巾的特征。

（2）能够借助织物分析工具，熟练、正确地分析提花毛巾。

（3）能进行缎档提花毛巾的模仿与创新设计，掌握织物设计与生产的关键要点。

【知识准备】

（1）通过市场调研、观察、认识实物面料，对提花毛巾有一定的感性认识。

（2）查阅提花毛巾的相关知识与资讯，搜集、整理、归纳提花毛巾在产品分析、组织设计、花型设计、CAD意匠编辑与工艺处理、生产织造、后整理等方面的知识。

任务一 认知提花毛巾

一、提花毛巾织物分类

提花毛巾织物是由两组经纱和一组纬纱交织而成的，其中毛经和纬纱交织形成毛圈组织，地经与纬纱交织成地组织，毛圈组织与地组织配合后，再通过织机特殊的长短打纬装置与送经机构的作用，织成带有毛圈装饰花纹的织物。

提花毛巾的种类很多，按原料分，有纯棉毛巾、混纺毛巾、特殊纤维毛巾；按用途分主要有面巾、方巾、毛巾被、浴巾、地巾、沙滩巾、酒店巾、茶巾、手套巾、干发毛巾、隔尿垫等；按组织结构特征分主要有单面毛巾、双面毛巾、双层毛巾、缎档毛巾、多层毛巾；按工艺流程分为素色提花毛巾、色织提花毛巾、提花割绒毛巾、螺旋提花毛巾、提花印花毛巾、提花绣花毛巾等，见图9-1。

（a）素色提花毛巾

（b）色织提花毛巾

（c）提花割绒毛巾

图9-1

（d）螺旋提花毛巾

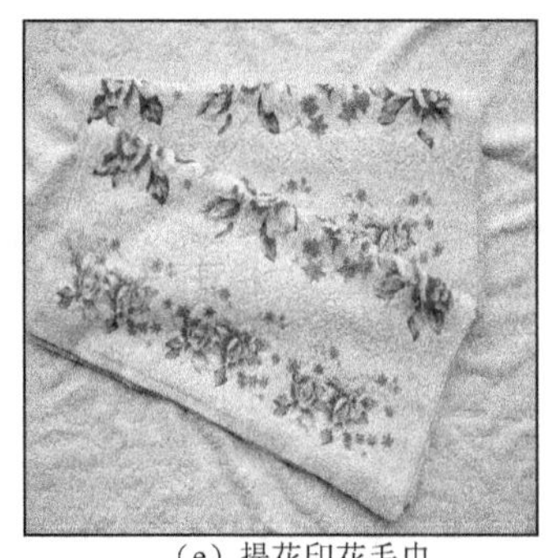
（e）提花印花毛巾

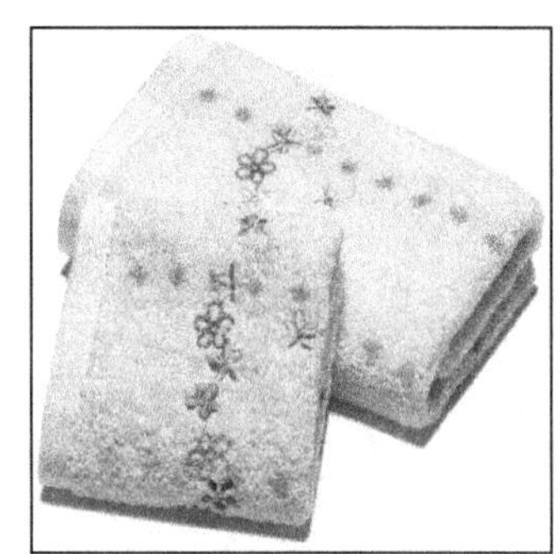
（f）提花绣花毛巾

图 9-1　提花毛巾织物

二、提花毛巾织物组织

提花毛巾织物由毛巾组织、缎档组织、上下平布组织、左右边组织构成。

1. 毛巾组织

提花毛巾组织有普通毛巾组织、双层毛巾组织、多层毛巾组织等，其会在毛巾表面形成毛圈装饰效果，通常在中毛部分都会使用。

普通毛巾组织最常见的是三纬毛巾组织，因每三纬起一个毛圈而得名。图 9-2 是常用的三纬毛巾组织图。从右往左看，其中单数经纱为地经、双数经纱为毛经，地经与毛经的基本组织一般为平纹变化组织，地经与毛经纱排列比有 1∶1，1∶2；2∶2 等。

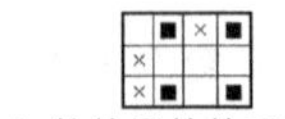
（a）单单经单单毛正面起毛的毛巾组织

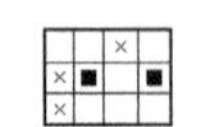
（b）单单经单单毛反面起毛的毛巾组织

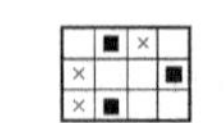
（c）单单经单单毛双面起毛的毛巾组织

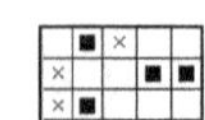
（d）单单经单双毛双面起毛的毛巾组织，反面毛圈比正面毛圈多一倍

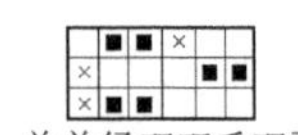
（e）单单经双双毛双面起毛的毛巾组织

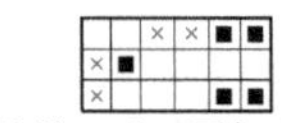
（f）单双经单双毛双面起毛的毛巾组织，正面毛圈比反面毛圈多一倍

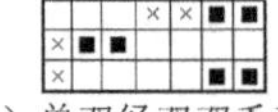
（g）单双经双双毛双面起毛的毛巾组织

图 9-2　三纬毛巾组织

×—地经组织点；■—毛经组织点

普通毛巾组织除了三纬毛巾还有四纬、五纬、六纬等为一个循环起一个毛圈，称为四纬毛巾、五纬毛巾、六纬毛巾等。组织图见 9-3。

双层或多层毛巾组织主要用于开发保暖、耐用和装饰效果独特的产品（见图 9-4）。如某色格提花双层毛巾织物设计中，组织采用四纬毛巾组织和平纹组织相结合的双层组织（见图 9-4），毛巾组织中地经纱与毛经纱之比为 2∶1，毛巾组织中的地经纱与平纹组织中的色经纱排列比为 1∶1，图 9-5（a）的组织可以实现在正面毛圈效应，图 9-5（b）的组织可以实现凹毛色格效应，最终这两种组织按照一定的花纹图案在织物表面形成立体感强、舒适保暖的毛巾新产品。

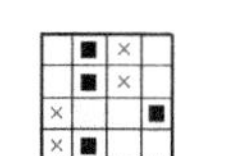

（a）单单经单单毛双面起毛四纬毛巾组织，其中一、二、三纬短打纬，四纬长打纬

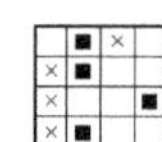

（b）单单经单单毛双面起毛四纬毛巾组织，其中一、二纬短打纬，三、四纬长打纬

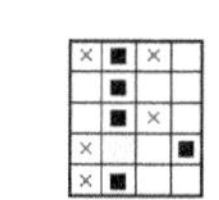

（c）单单经单单毛双面起毛的五纬毛巾组织，其中一、二、三纬短打纬，四、五纬长打纬

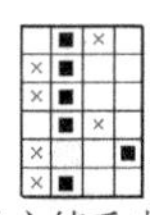

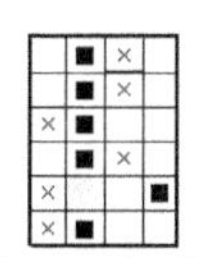

（d）、（e）均为单单经单单毛双面起毛的六纬毛巾组织，其中一、二、三、四纬短打纬，五、六纬长打纬

图 9-3 四纬、五纬、六纬毛巾组织

×—地经组织点；■—毛经组织点

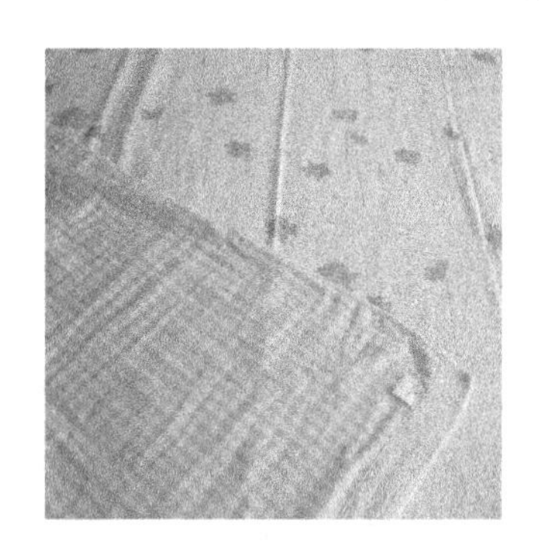

图 9-4 双层毛巾织物

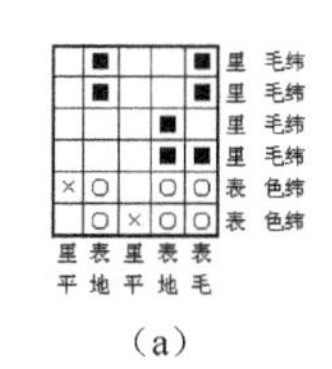

（a）

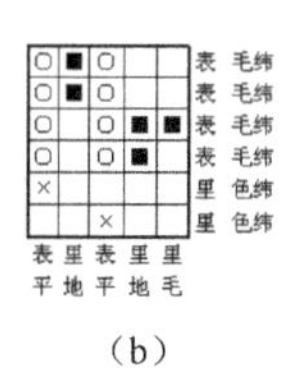

（b）

图 9-5 双层毛巾组织

×—表经组织点；■—里经组织点；○—织里纬时表经提升

2. 提花毛巾缎档组织

缎档组织一般用在毛巾织物两端或中间的局部位置，能形成一种独特的装饰外观效应，从而提高产品档次。有缎档装饰效果的毛巾称为缎档毛巾，其中地经纱浮线较长与纬纱交织形成的缎纹组织称为经缎毛巾织物，而纬纱浮线较长与地经纱交织形成的缎纹组织称为纬缎毛巾织物。缎档部分常用纱线有棉纱线，具有闪光效果的用金丝线、银丝线、丝光线、黏胶长丝、涤纶长丝，利用这些纤维的特点，使缎档增加了高贵气质。缎档的图案有简单的文字图案、几何图案、花卉图案等（图 9-6）。缎档部分常用的组织有平纹变化组织、斜纹变化组织、纬二重组织等。

3. 提花毛巾边组织

毛巾织物的布边要求质地坚牢、平整挺括、美观，边组织主要以经重平为主。平布及正身部分的边组织主要有$\frac{2}{2}$经重平、$\frac{3}{3}$经重平等组织，缎档部分的边组织主要有$\frac{4}{4}$经重平、$\frac{6}{6}$经重平、$\frac{9}{9}$经重平、$\frac{12}{12}$下经重平等。

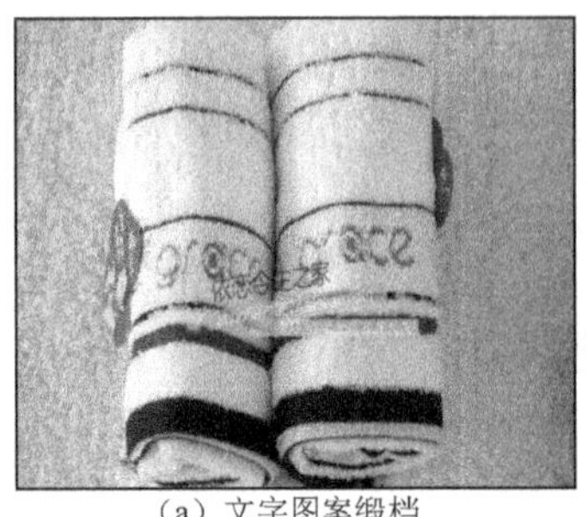
（a）文字图案缎档

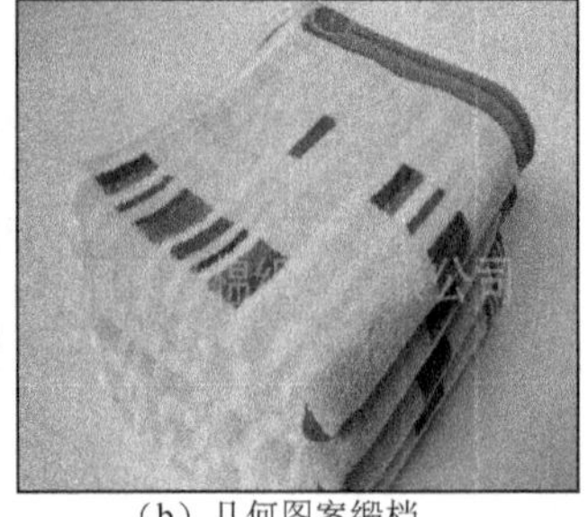
（b）几何图案缎档

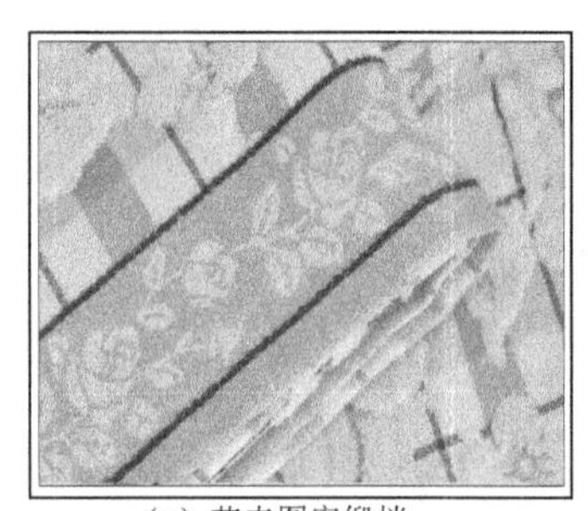
（c）花卉图案缎档

图 9-6　缎档图案

三、提花毛巾纹样

由于毛巾织物是用于人们的衣着、寝具、室内装饰等生活的必需品，因此纹样具有实用的特性。纹样能在织物上呈现，不仅仅是依靠描绘技巧来达到，而是要经过意匠、轧纹板、装造、毛巾织造等一系列工艺手段才能完成，所以它又具有工艺条件的制约性。纹样设计是一种艺术和生产工艺相结合的设计过程。

提花毛巾的纹样主要通过以下几种方式实现：第一，起毛圈和不起毛圈部分构成凹凸花纹图案；第二，不同色彩的毛经起毛圈构成双色及多色花纹图案；第三；凹凸花纹和色彩花纹联合构成的花纹图案；第四，利用缎档装饰装点及色彩花纹图案配合构成的花纹图案。

毛巾纹样设计的环节依次为纹样大小计算、纹样题材选择、纹样构图设计、确定纹样描绘方法、草绘和正稿绘画。

毛巾纹样的题材常常以动物、花卉、卡通人物、文字、几何形等为主（图 9-7）。纹样的布局以单独纹样和连续纹样为主。在毛巾设计的时候单独纹样是经常被用到的，但这些单独纹样只是作为毛巾纹样的基本元素，常见形式为组合运用，单独运用的情况比较少。连续纹样按照一定的规律和格式进行的纹样排列，可成为无限反复的排列。在毛巾设计时，连续纹样比较常见，在毛巾单位面积上做连续纹样的变化是普遍存在的一种现象。

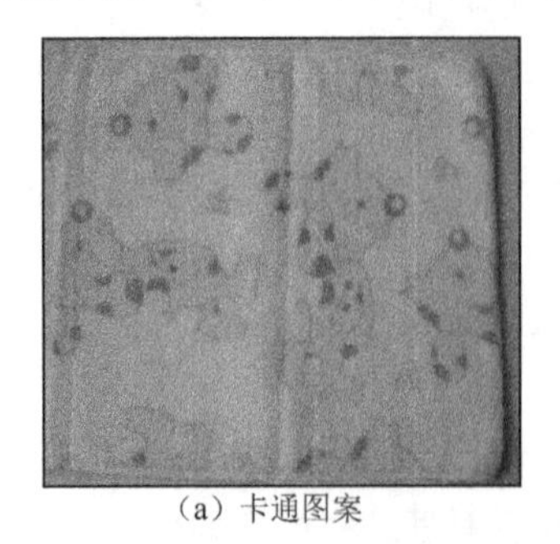
（a）卡通图案

（b）花卉图案

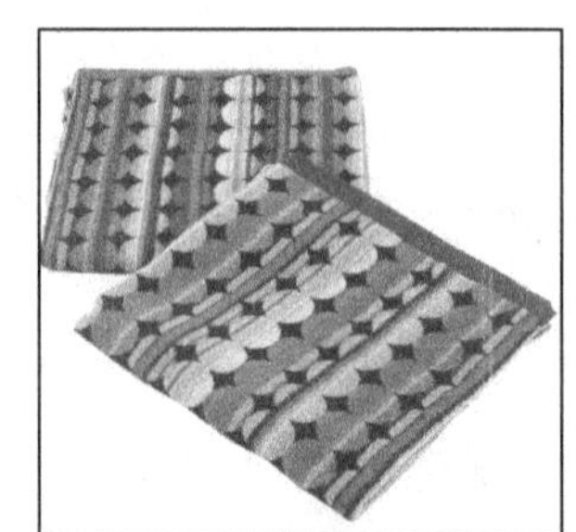
（c）几何图案

图 9-7　提花毛巾纹样题材

四、提花毛巾织物织造

1. 提花毛巾织机的特殊机构配置

提花毛巾的毛经纱采用提花龙头开口，其主要部件有纹板、横针、竖针、首线、通丝、目板等，直接控制经纱作独立的升降运动。对地经纱，根据花型需要采用踏盘开口或提花龙头控制开口。提花织机以综线控制每根纱线，通过每根经纱的单独升降来完成开口运动。

为了形成毛圈装饰效应，提花毛巾织机必须配置特殊的送经机构。提花毛巾在织造时毛经和地经分别卷绕在上下两个经轴上，其中毛经织轴在上，地经织轴在下，两个经轴根据纬密和毛圈高度决定送经量，其中毛经送经量大，送经张力小；地经送经量小，送经张力大。其中地经与毛经送出量之比称毛长倍数，毛长倍数决定了毛圈的高度。

除了合理的组织设计以及特殊的送经装置外，还要有能够长短打纬的特殊的打纬机构，织机是通过控制筘座动程的大小来实现长短打纬的。长短打纬的距离对毛圈的高度也会产生很大的影响，织口和新投入纬纱之间距离越大毛圈越高。

2. 提花毛巾织物的装造准备

提花毛巾织物的装造工作包括龙头整机、重锤、综丝、通丝及穿目板的准备工作和挂通丝、吊柱、穿经、穿筘等工作。

（1）装造形式　传统的机械式提花装置制造普通毛巾时，一般采用单造单把吊或单造多把吊的装造形式来控制毛经，地经由两片综框控制，放在机后。当织制缎档毛巾时，毛、地经均由纹针控制，装造形式为前后造。

对于在电子提花装置织制毛巾织物时，毛、地经均由纹针控制，装造形式为前后造。

如果装造时采用前后造形式，提花机上的纹针和目板被分成各自相互对应的前后两个区域，毛经由前区纹针控制，地经由后区纹针控制，毛、地经综丝 1∶1 间隔排列。

（2）目板穿法　通丝穿入目板之前，应考虑目板需要穿入的宽度和行数、列数。通丝穿入目板的宽度一般比织物筘幅宽度宽 1～2cm。通丝在木板上穿入时必须安排在中间位置，然后根据花型根数或每幅宽度将其长度确定，并在交界处空出两行小孔，以利于装造检查及挡车工接头操作。目板的列数必须为筘齿穿入数的整数倍，在多把吊的装造中则是吊数的整数倍。目板行数根据毛圈毛经纱根数与选用列数之比确定，还要根据实际穿幅情况进行修正。

目板穿法根据装造类型、提花机规格、织物规格、花型大小、各地区装造习惯可分为一顺穿、分区穿、对称穿等。对于装造形式为单造单把吊的普通毛巾织物可采用一顺穿或分段飞穿；对于自由花与对称花卉毛巾织物可采用对称穿法，穿通丝时注意交界处穿综情况，以防止出现并经；对于提花缎档毛巾需采用分区穿法，毛经穿前区，地经穿后区，两区之间留适当的空隙。在操作时一般先穿后区，再穿前区。

（3）穿综、穿筘　由于毛经与地经张力不同，因此为了保证织造时梭口清晰，一般采取毛经、地经分区穿综法，毛经在前区，地经在后区。每个综眼内穿入的经纱根数等于毛经和地经排列根数。如毛经与地经排列比为 1∶1，则毛经每综 1 根，地经每综 1 根，依此规律毛经与地经分别逐一穿入前区和后区。

穿筘时，毛地经按排列比穿入同一筘齿。如毛经与地经排列比为 2∶1，则每筘齿 3 入，毛经与地经排列比为2∶2，则每筘齿4入。吊综时由于地经张力大，升降时容易挂带松弛的毛经，所以毛经位置应偏高。

任务二　提花毛巾实物分析

一、确定织物的正反面

毛巾织物的正反面的判定通常是根据外观效果加以判断。判断方法一般有以下几种。

（1）根据缝纫效果及布边折边的折向判断正反面，在缝纫加工时布边是折向反面的。

（2）毛巾织物花纹轮廓、色泽清晰的一面为正面。

（3）毛巾类织物一般以毛圈密度大的一面为正面。

（4）有割绒、刺绣装饰的一面为毛巾织物的正面。

（5）正反面由不同原料、纱支组织的织物，以客户要求和最能体现产品品质和档次的一面定位正面。

（6）根据织物缎档装饰效果判断。

图9-8样品主要以缎档缎边装饰效果和缝纫折边效果为依据判断此提花方巾织物。观察到样品正面缎边处清晰漂亮的花边为装饰效果，而反面则是单一的平布边为装饰效果和粗糙的缎档装饰效果。

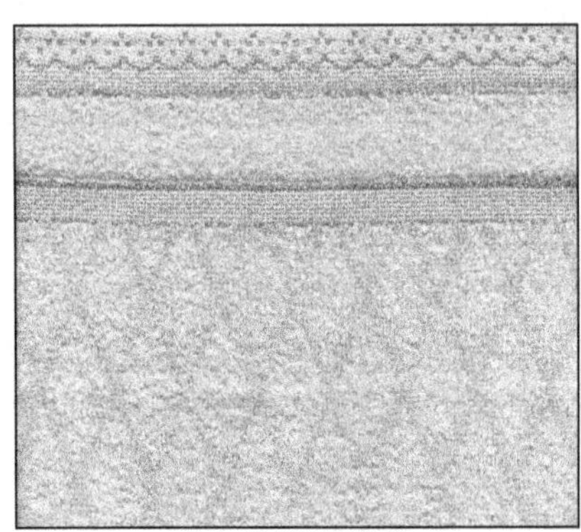
（a）样品正面效果

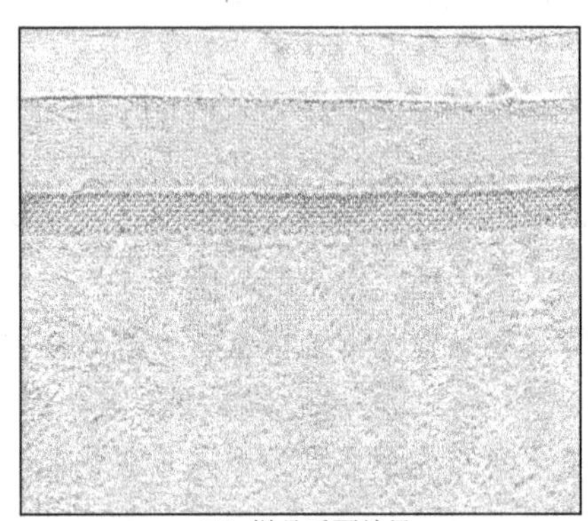
（b）样品反面效果

图9-8　提花毛巾正反面

二、取样

毛巾织物取样位置和取样的大小，会直接影响到织物分析的准确度。在整条产品上进行取样分析时，取样位置到长边（或卷边）的距离不小于5cm，到布边（或缎档）的距离不小于10cm。此外，样品不应带有显著的疵点，并力求其处于原有的自然状态，以保证分析结果的准确性。

取样的大小应随毛巾织物种类、组织结构而异，但也应同时考虑分析结果的正确性和节约的原则。对于提花产品因为花型循环大，经纬纱循环复杂，应尽量选择一花花纹循环或具有代表性的花纹组织结构处为样，也可根据实际需要选取。

三、测定经纬纱密度

经纬纱密度的测定方法有直接测数法、间接测定法、拆纱法等，由于毛巾织物的经纬密度相对较小，纱支较粗，因此对其样品的测定一般采用直接测数法。

直接测数法凭借目力、照布镜、密度分析镜或直尺直接计数。例如用密度分析镜进行织物经纱密度时，首先将玻璃片上的起始点与刻度尺上的起始点同时对准任意两根经纱的空隙处，以此为起点移动镜头，在移动的同时数毛经纱的根数，至 5cm 处为止。数出的纱线数乘以 2 即为 10cm 织物中毛经纱的总根数，以此作为筘号和毛、地经纱密度的选取依据。同理，按照以上步骤，可以测定出 10cm 织物中纬纱总根数，以此作为纬密牙和纬纱密度的选取依据。为了防止出现差错或不准确，可在分析样品的不同部位测量 3～4 次，然后取其平均值。

练一练

测定经纬密度之前先根据毛圈走向和布边判断出织物的经纬向，沿毛圈走向方向为经向。确定好经纬向后，通过直接测数法，分析样品的不同部位借助密度镜（照布镜）和钢尺先测定出毛经密度，测量 3～4 次，取其平均值，得出毛经密度=130 根/10cm；由于该样品的毛经纱与地经纱排列比为 1∶1，因此此时测定的毛经纱根数也就是地经纱根数，即地经密度=130 根/10cm。用同样的原理测量计算出缎档纬密 430 根/10cm，纬纱密度 195 根/10cm。

四、毛圈高度测定

毛圈高度是毛巾织物特有的一个指标。它是指毛圈顶部到毛巾织物基部之间的长度。毛圈高度在生产中一般是用毛倍或 10 朵毛圈的长度来表示。毛倍（毛环倍数）是指单位地经长度内所拥有的毛经纱长度与地经纱长度的比值。样品分析时，一般以 5cm 的地经长度作为一个基准单位。10 朵毛圈长度主要用于生产时控制产品重量，是以一个毛圈的顶端为起点，沿经纱方向数 10 朵毛圈后，以第 11 朵毛圈的顶端为终点，然后抽出这一段毛经纱，量其长度。

练一练

测定经纬密度之前先根据毛圈走向和布边判断出织物的经纬向，沿毛圈走向方向为经向。沿经向剪 5cm 地经长度样品，从中抽取地经和毛经，测得地经和毛经拉伸到自然伸直状态的长度，测量 3～5 次，取平均值，然后用平均毛经长度除以平均地经长度，结果为 6，即为毛倍值。然后根据毛圈长度的测量方法测得 10 朵毛圈的长度为 8cm。

五、原料鉴别

毛巾织物原料鉴别方法有定性分析法和定量分析法，对于纯纺织物只需进行定性分析，对于混纺织物则需进行定量分析，以确定不同原料的混纺比。常用的鉴别方法有手感目测法、燃烧法、显微镜法、化学溶解法。在具体鉴别经纬纱原料时，用一种鉴别方法常常不能做出确切判断，这时可以几种方法联合使用，以做出最终判断。

如对于单一原料毛巾织物的纤维类别鉴别，首先通过手感目测法、显微镜法和燃烧法初步确定材料是属于纤维素纤维、蛋白质纤维、合成纤维大类中的哪一类，再结合溶解法确定具体纤维类别。如通过燃烧法现象初步判定某毛巾织物毛经纱所用的原料为大类是纤维素纤维，然后根据显微镜具体观察纤维纵向形态，纤维呈天然转曲状态，据此可以判断出其为棉纤维。

六、纱线线密度测量

毛巾织物纱线线密度测量主要有比较法和称重法。比较法通常是将样品的纱线与已知粗细的纱线进行比较，最后确定样品中经纱或纬纱线密度，这种方法简单迅速，但准确度受检测人员的实际经验影响。称重法是从样品中抽取一定数量的纱线，分别进行称重、长度、织物实际回潮率测量，根据定长制或定重制的计算方法来计算经纬纱线密度。

练一练

原料鉴别时用手触摸织物，有柔软感，光泽一般。然后将织物中的地经纱、毛经纱、边纱分别抽出来，用燃烧法观察到三种纤维均燃烧速度快，离开火焰能自动蔓延，而且有烧纸味，灰烬为白色粉末。再放到显微镜下看纤维纵向有天然转曲三种纱线状态，可以判断出纱线原料均为棉纤维。

纱线线密度测量时，沿经纬向，分别从 10cm 长的样品内分别抽出毛经纱、地经纱、中毛部分纬纱、缎档处纬纱，经 3～4 次称重，根据公式概算出淡橘黄色毛经纱 14.6tex × 2、白色毛经纱的线密度 32tex，白色地经纱为 27.8tex × 2，白色纬纱有两种一种规格为 32tex（中毛、缎档），另一种规格为 18tex × 2（缎档），有光涤纶色亮丝纬纱 360 旦（缎档）。

七、织物组织分析

毛巾织物由中毛部分、缎边部分、缎档部分、平布部分组成，这几个部分的组织主要是毛圈组织、纬二重组织、蜂巢组织、平纹组织、经重平组织等多种组织组合而成。分析方法主要有直接观察法和拆纱分析法。在实际分析时会根据具体情况综合使用这两种方法。

直接观察法主要适用于有经验的工艺员或织物设计人员，可依靠目力或利用照布镜，对织物进行直接观察，将观察的经纬纱交织规律，逐次填入意匠纸的方格中。分析时，可多填写几根经纬纱的交织状况，以便正确地找出织物的完全组织。此方法适用于简单的缎档组织分析和部分小提花组织分析。

拆纱分析法主要用于分析比较复杂的组织结构。拆纱法的第一步是确定拆纱方向，通过将样品的一个方向拆开，观察另一个方向的纱线的间隙，从而确定经纬纱交织的状态；第二步是确定分析织物的正面还是反面，以便清楚看清织物的组织；第三步，通过将所拆纱线逐步剥离原来的位置，观察经纬纱的交织规律，并在意匠图上将其规律一一记下即可。

利用经验法和拆纱法重点对中毛部分、缎边部分的组织分别进行分析。

① 通过观察发现，织物中毛部分正反面都有毛圈，浅橘黄毛圈和白色毛圈，而且正面起浅橘黄毛圈的地方，对应的反面起白色毛圈，可以判断织物为双面起毛圈产品。

② 拆纱分析样品，从经纱排列（从左到右）可以看出白地经纱 1 根、白毛纱 1 根、浅橘黄毛纱 1 根，从而判断出毛经∶地经比为 1∶1。从织物纬纱状态都是三个纬纱一组，可以判定出该毛巾是三纬毛巾组织织物。

③ 拆纱法分析正面起浅橘黄色和白色起圈部位的毛巾组织。先分析浅橘黄色部位的组织交织状态，根据毛地经排列和三纬毛巾结构，固定纬纱，沿着经向方向分析 6 根经纱与 6 根纬纱的具体交织状态，并从意匠纸左下角开始，从左到右，从下到上记录，从而得出浅橘黄色部分的一个完全组织。由于浅橘黄色毛圈的反面是其白色毛圈，所以将浅橘黄色部分毛巾组织中的白色经起圈组织交织规律和浅橘黄色的毛圈组织交织规律进行互换，从而得出正面起白色毛圈部位的组织。

④ 对于缎档、缎边部分的组织，可以从织物正反面显色状态、纬纱与地经、毛经纱的交织状况进行判断，分析原理同重纬组织，最终组织图见 9-9。

×			∩
×	∪		
	∪	×	

（a）白色起圈部分组织

×	∪		
×			∩
		×	∩

（b）浅橘黄部分组织

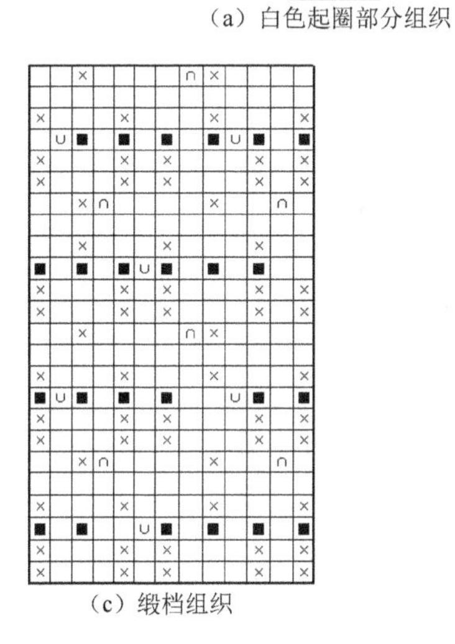
（c）缎档组织

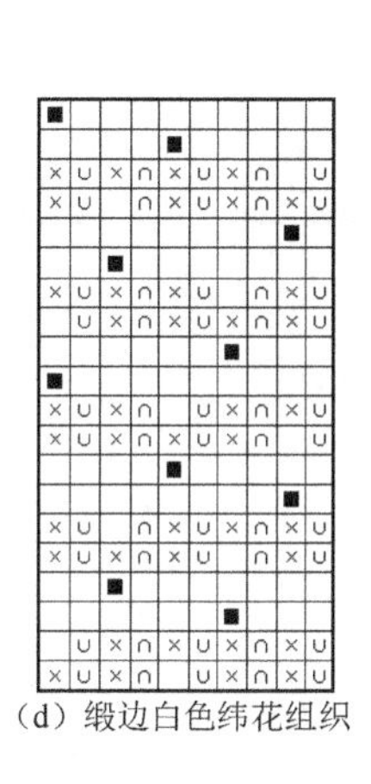
（d）缎边白色纬花组织

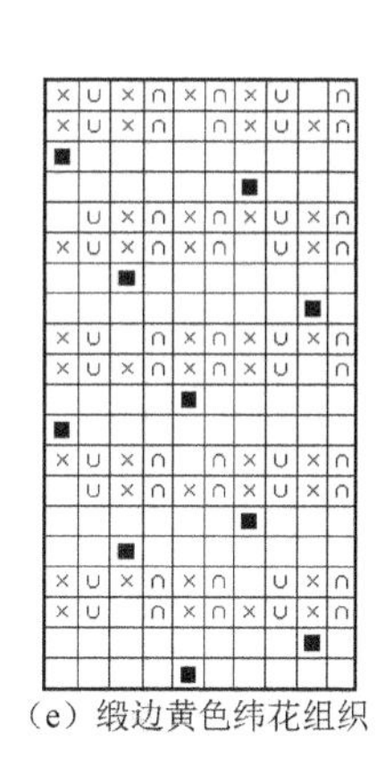
（e）缎边黄色纬花组织

图 9-9　提花缎档毛巾组织图

（a）、（b）×—地经浮点；（c）、（d）、（e）×—表组织经浮点；■—里组织经浮点；∪、∩—白色毛经浮点、浅橘黄色毛经浮点

⑤ 缎档、缎边的边组织为 $\frac{12}{12}$ 经重平组织，其他部分的边组织为 $\frac{3}{3}$ 经重平组织。

八、纹织 CAD 绘制样品纹样

纹样绘制的方法有手工绘制和电脑绘制。一般都会选用电脑绘制，电脑绘图时首先将来样的沿经向方向，按照平布边、中毛部分、缎档部分、缎边部分进行分段扫描好后，引入 CAD

系统中；其次对分段的纹样进行纹样的颜色归纳，将其变成索引模式图像。再次，利用绘图工具的点绘、平行四边形、矩形拷贝、换色等工具，将分段纹样绘制好，实物纹样时有几种组织特征就利用不同颜色分别绘制出来，并注意色号的编排和纹样边部过渡自然。最后利用CAD中拼接功能，将纹样拼接成完整统一纹样。也可将扫描的纹样导入Photoshop中进行编辑处理，然后再导入CAD系统中进行意匠编辑工作。

① 利用扫描仪将毛巾纹样分段扫描好后，并用直尺测量纹样宽度以及分段纹样的长度，测得中毛纹样宽度33.4cm；中毛纹样长度62.6cm+2.8cm×2、缎档纹样长度1.2cm×2，缎边纹样长度2.2cm×2，平布边纹样长度3cm×2。

② 确定经线数、纬线数。经线数可以根据纹样宽度和经纱密度计算，数值436。纬线数应为平布、缎档、缎边、中毛部分纬线数之和，可以根据测量长度、对应部分密度、纬重数、毛圈碰数等计算，最终数值为624格。

③ 在毛巾专用纹织CAD系统中输入小样参数，宽度33.4cm，高度81cm，经线436根，纬线624根，经密13根/cm，纬密6.5根/cm。利用CAD软件将扫描的纹样分段绘制好，然后利用“拼接”功能将各部分纹样导入拼合成一个完整纹样。根据毛巾织物分段特征和组织表现效应，用7种颜色进行设色。最终效果见图9-10。

图9-10 提花缎档毛巾纹样

任务三 提花毛巾产品设计

提花毛巾设计时应综合考虑产品的市场定位、产品定位、产品最终用途与风格特征、生产流程、生产设备及工艺参数、CAD的设计运用情况、生产成本、营销策略等方面，进行工艺设计方案的合理设计与实施，最终生产令消费者满意的完美产品。现以双造提花缎档毛巾为例进行具体设计实施说明。

一、产品风格与定位

设计的产品为双造提花缎档毛巾，主要作为中高档男女士面巾，要求毛圈整齐，图案以几何连缀为主，体现简雅特征，配色自然，手感柔软，光泽度好，有良好的毛细吸水效应。

二、织物工艺设计

1. 尺寸规格

毛巾销售标签上标注的尺寸规格常有 72 cm×32cm，72 cm×34cm，75cm×33cm，76cm×34cm，78cm×34cm，79cm×35cm，80cm×34cm，80cm×35cm，80cm×40cm 等。该产品选用 72 cm×32cm 的销售尺寸。

经过生产加工且未缝制时的毛巾织物尺寸规格为宽度 32.8cm（中毛宽 31.8，边宽 1cm×2），长度 78.7cm（平布长 3cm×2，缎档长 1.8cm×2，中毛长 69.1cm）。

2. 原料与纱线线密度

原料以棉纤维为主，地经纱选用 18tex×2 白色棉线，毛经纱选用 18tex×2 暗紫红色棉线和 29tex 黄色棉纱，地经：暗紫红色毛纱：地经：黄色毛纱=1：1：1：1。中毛部分和平布部分纬纱选用 28tex 白色棉纱；缎边部分纬纱选用 18tex×2 暗紫红色棉纱和 28tex 白色棉纱。

3. 密度设计

成品的经、纬纱密度分别为：毛经 140 根/10cm，地经 140 根/10cm；中毛纬密 210 根/10cm，平布纬密 210 根/10cm，缎边纬密 420 根/10cm。

4. 色彩与纹样设计

纹样图如图 9-11 所示。纹样题材选用几何图形，其中中毛部分纹样以二方连续条花为主，纹样宽度为 32.8cm，纹样长度为 78.7cm。

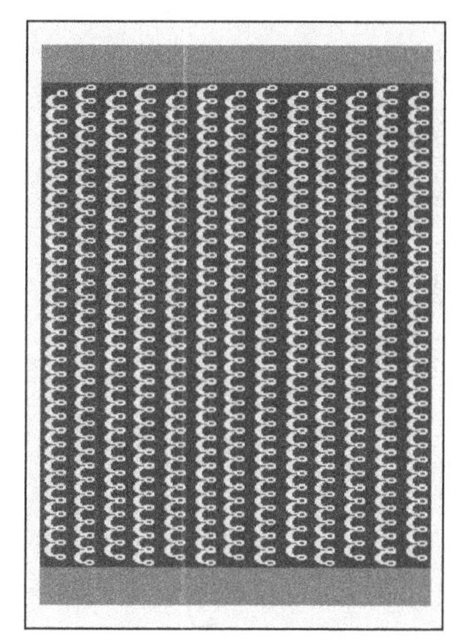

图 9-11　提花缎档毛巾纹样

5. 组织设计

中毛部分组织为单单经单单毛双面起圈毛巾组织；以六枚斜纹组织和平纹为基础组织的重纬组织缎边左右边组织均为 $\frac{6}{6}$ 经重平组织，纹样的其余部分左右布边组织为 $\frac{3}{3}$ 经重平组织（图 9-12）。

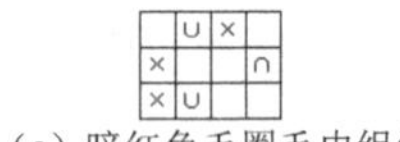

（a）暗红色毛圈毛巾组织

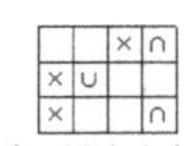

（b）黄色毛圈毛巾组织

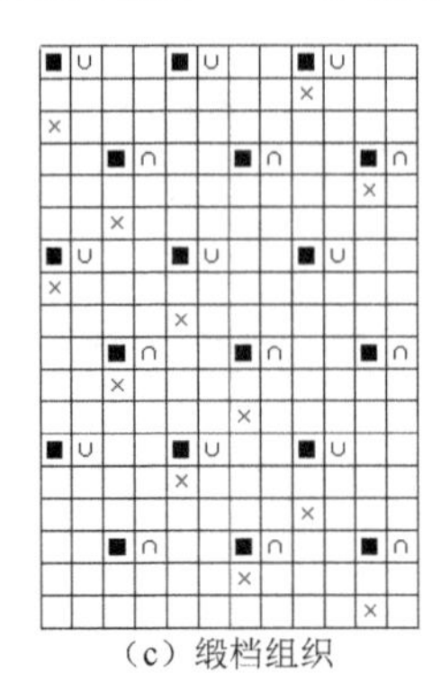

（c）缎档组织

图 9-12 双造提花缎档毛巾组织图

×—地经、缎档表组织经浮点；■—缎档里组织经浮点；∪、∩—暗紫红、黄色毛经组织浮点

6. 下机坯布规格设计

通常要将成品相关规格转换成坯布规格才能准确进行毛巾织物的工艺设计与生产。参照类似产品，取整理幅缩率为 8.2%，整理长缩率为 2%，毛巾织物坯巾宽度和坯巾长度计算如下：

$$坯巾宽度=\frac{成品宽度}{1-整理幅缩率}=\frac{32.8}{1-8.2\%}\approx 35.7(\text{cm})$$

$$坯巾长度=\frac{成品长度}{1-整理幅缩率}=\frac{78.7}{1-2\%}\approx 80.3(\text{cm})$$

7. 织造上机规格设计

上机织造前需要计算出筘号、筘幅、总经根数、经纬纱用量等，这为纱线准备、织前准备、上机装造等工序环节提供了很好的设计支撑。

（1）筘号

筘号=成品经密×（1−整理副缩率）×（1−下机宽度收缩率）×5.08

=14.0×（1−8.2%）×（1−2%）×5.08≈63.9（齿/2 英寸）（取整数为 64）

（2）筘幅

$$毛经筘幅=\frac{成品中毛宽度}{(1-整理幅缩率)\times(1-中毛纬纱织缩率)}=\frac{30.8}{(1-8.2\%)\times(1-7.1\%)}\approx 36.1(\text{cm})$$

$$上机边筘幅=\frac{边宽度}{(1-整理幅缩率)\times(1-边纬纱织缩率)}=\frac{1\times 2}{(1-8.2\%)\times(1-12.7\%)}\approx 1.2\times 2(\text{cm})$$

总筘幅=36.1×2+1.2×2=74.6（cm）

（3）总经根数及穿综筘

$$毛经根数=毛经密度\times中毛宽度\times\frac{1}{10}=140\times 30.8\times\frac{1}{10}\approx 431(根)$$，修正为432根。

地经根数=毛经根数=432 根

总经根数=毛经 432×2+边经 48×2=960（根）

穿综：地经穿前区，毛经穿后区，边纱穿前区，后区空出。

地经 1 根/综，毛经 1 根/综，边经 2 根/综。

穿筘：中毛部分 2 入/筘（1 地 1 毛），边纱 2 综/筘。

8. 工艺流程设计

工艺流程的设计可以根据风格要求和成品规格及企业的设备性能进行综合设计。根据产品特征要求，该产品是先漂染后织的毛巾产品，其工艺流程一般为设计—原纱检验—织前准备—织造—半成品检验—缝接—退浆—柔软处理—烘干—缝纫—成品检验。

三、装造工艺设计

1. 纹针数

纹针数=单条毛巾的经纱数=毛经纹针数+地经纹针数+边针数=432+432+96/2=912（针）。

2. 装造类型

采用前后造（左右分配），单把吊的装造形式，前造纹针控制地经，后造纹针控制毛经。选用 16×88 针电子提花龙头制织。

3. 目板计算与穿法

目板选用 16 列，目孔与提花机纹针一一对应，有目孔 88 行。分为左右两边吊挂综丝，前区（左边）穿完所有地经通丝，后区（右边）穿毛经通丝。前区行数为 31 行，后区行数 29 行，其余安排空行。

四、纹织 CAD 意匠编辑与工艺处理

1. 毛圈部分意匠图绘制

（1）打开毛巾专用 CAD 软件，新建意匠，输入小样参数见图 9-13。

图 9-13　毛巾意匠参数

（2）根据设计要求，绘制一个小花纹循环见图 9-14（a），连续拷贝再纵向错位排列如图 9-14（b）。

（3）为避免毛由正面出现毛沟（二个组织交界处出现二根反起毛圈），可用毛圈校正功能修正，参数设置如图 9-15，点击单针校正。

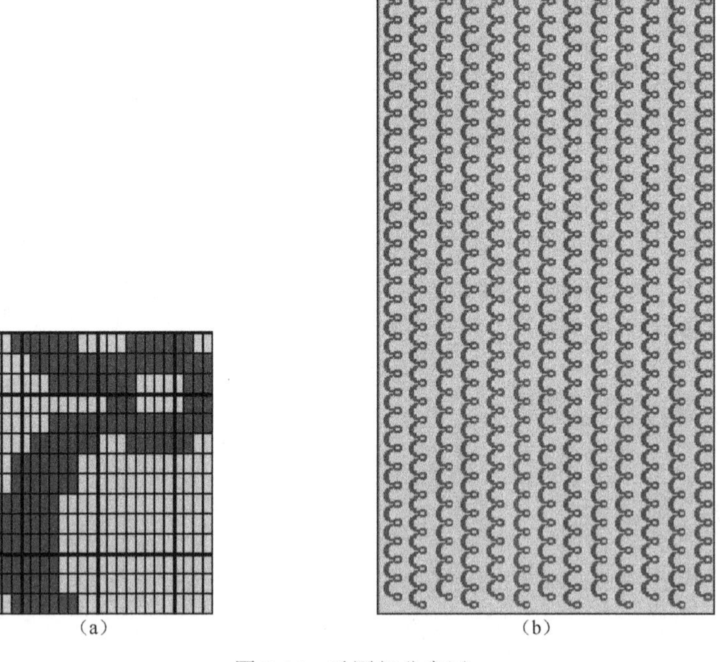
（a）（b）

图 9-14　毛圈部分意匠

左上 左下 右上 右下 正毛圈起 反毛圈起 单针

图 9-15　毛圈校正设置

（4）铺组织 pmj10。

2. 缎档部分意匠图绘制

缎档部分没有图案，高度为 1.8cm，采用三梭，按上层纬密=21 根/cm 计算出纬线数为 38 根，直接加在毛圈二头。放大的局部意匠图如图 9-16 所示。

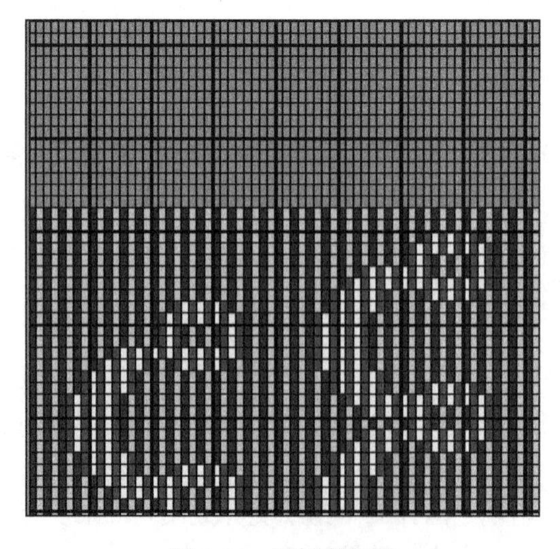

图 9-16　局部意匠图

3. 平布部分意匠图绘制

在缎档二头加上 3cm 的平布部分，再加 2×3 的剪线如图 9-17（a）。

4. 投梭

毛圈部分投一、二、三梭，缎档部分投四、五、六梭。再加起毛落毛信号：起毛信号加在上面缎档和毛圈交界处，投梭框倒数第 4 列上；落毛信号加在下面毛圈和缎档交界处，投梭框倒数第 3 列上，投梭完如图 9-17（b）。

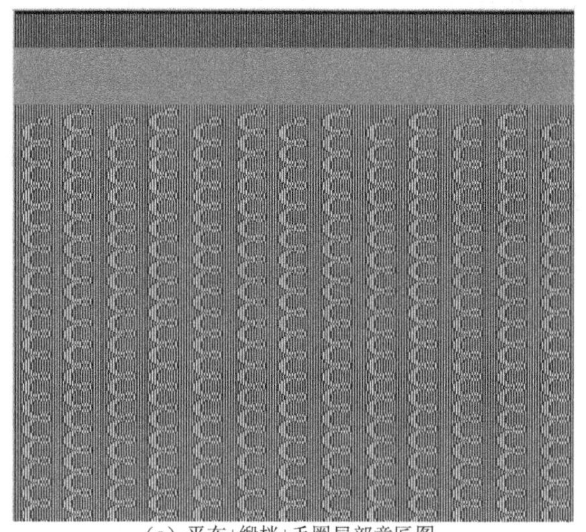

（a）平布+缎档+毛圈局部意匠图　　（b）投梭

图 9-17　双造提花缎档毛巾投梭示意图

5. 组织表配置

组织表如图 9-18 所示，A1～A6 为前造（地经）组织，B1～B6 为后造（毛经）组织。配置表中色号表示：1#、4#、5#为反起毛圈，2#、3#为正起毛圈，6#为缎档组织，7#为剪口组织。配置表中组织如图 9-19（a）～（e）所示。

	梭A1	梭A2	梭A3	梭A4	梭A5	梭A6	梭B1	梭B2	梭B3	梭B4	梭B5	梭B6
1	0	0	1	0	0	0	0	1	0	0	0	0
2	0	0	1	0	0	0	1	0	1	0	0	0
3	1	1	0	0	0	0	1	0	1	0	0	0
4	1	1	0	0	0	0	0	1	0	0	0	0
5	0	0	1	0	0	0	0	1	0	0	0	0
6	0	0	0	6-1w	6-1w5	3	0	0	0	0	0	3
7	mj10	mj10	mj01	0	0	0	0	0	0	0	0	0

图 9-18　双造提花缎档毛巾组织表

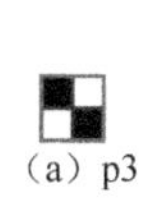

（a）p3

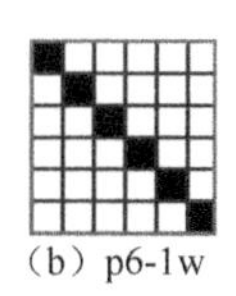

（b）p6-1w

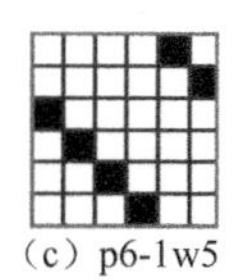

（c）p6-1w5

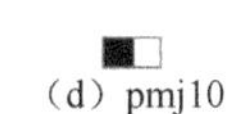

（d）pmj10

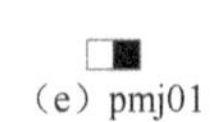

（e）pmj01

图 9-19　双造提花缎档毛巾组织图

6. 选择样卡

样卡为16cm×88cm，前区纹针480针（含边针48针），后区纹针464（含固定针32针）。前造地经纹针区用“纹针”色号色画，后造毛经纹针区用“纹针2”色画，梭箱针、停撬针、起毛针、边针，设置在前造，废边针（固定针）设置在后造。样卡设计见图9-20。样卡选项设置如图9-21所示。

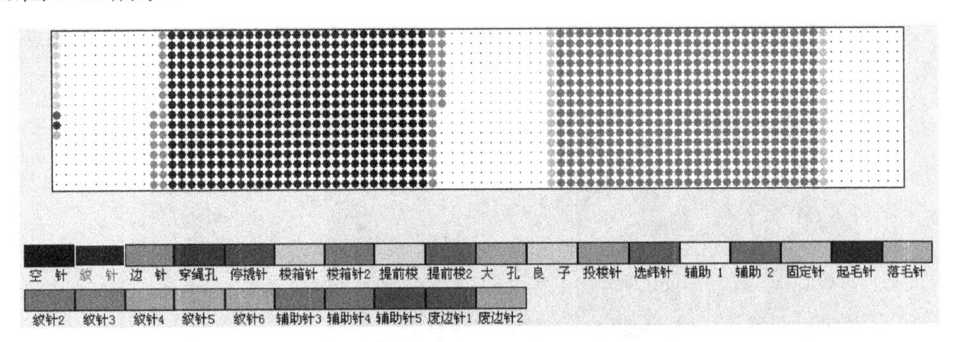

图9-20　前后造样卡

龙头种类
○ 浙大单块纹版　　○ MUL III勾边机(upt)　　◉ BONAS500电子纹版

图9-21　样卡选项设置

7. 辅助针表

辅助针表如图9-22所示。下面一一进行简单说明。

梭箱针组织，如图9-23所示，这说明该机台最多可用8种纬线。

边针组织：毛圈部分做$\frac{3}{3}$经重平组织，缎档部分做$\frac{6}{6}$经重平组织。表内P3为$\frac{1}{1}$平纹组织，P58为$\frac{2}{2}$经重平组织。

停撬针：P0表示不停撬，P1表示停撬。毛圈部分不停撬，缎档部分走1梭停2梭。

梭箱针：梭1～梭3均打P9001表示毛圈部分用的是同一组纬纱，缎档部分用了三组纬纱。

固定针：作废边针用，只需在梭1上打上$\frac{1}{1}$平纹组织即可。

	梭1	梭2	梭3	梭4	梭5	梭6	梭7	梭8
边针	3	3	3	58	58	58	0	0
停撬针	0	0	0	0	1	1	1	1
梭箱针	9001	9001	9001	9002	9003	9004	9007	9008
固定针	3	0	0	0	0	0	0	0

图9-22　辅助针表

8. 生成纹板

纹板格式为EP格式，进入生成纹板功能出现如图9-24所示对话框，确认后点击“生成纹板”即可。

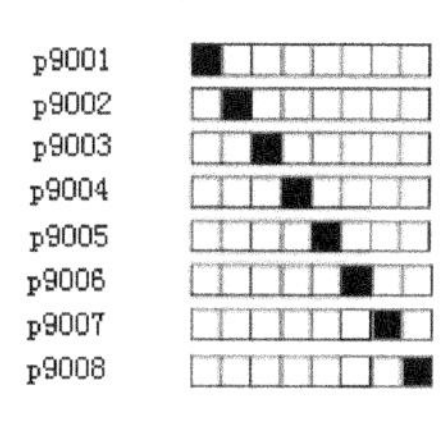

图 9-23　梭箱针组织

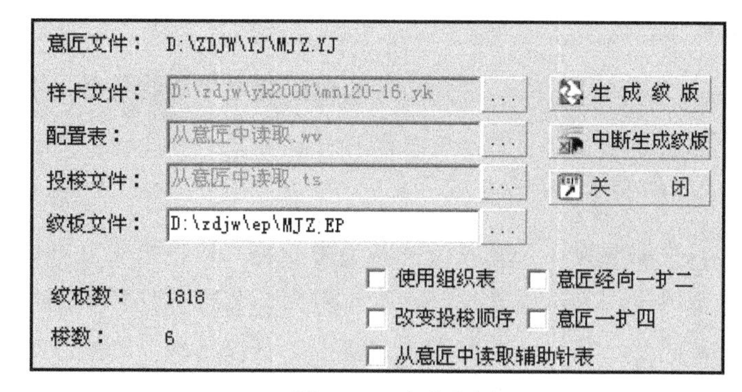

图 9-24　生成纹板

9. 检查纹板，拷贝纹板

通过检查纹板，目的是检查边组织、梭箱组织、停撬位置及纹针位置的对错，再进行纹板修改加上起毛和落毛信号。检查修改后即可把纹板文件拷贝到软盘直接上机织造。

10. 效果模拟

选择意匠模拟，模拟效果如图 9-25。

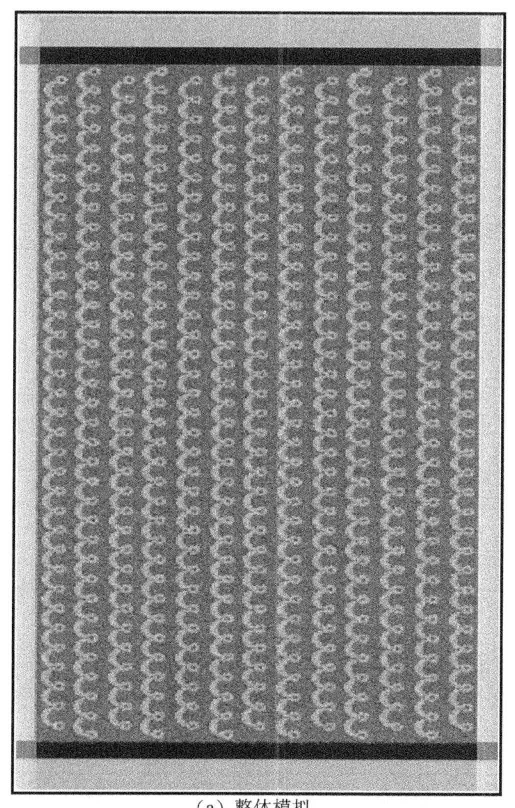

（a）整体模拟

（b）局部模拟

图 9-25　双造提花缎档毛巾模拟效果图

宾馆提花毛巾织物设计

1. 产品性能要求

某客户需要设计一套宾馆提花毛巾织物，包括浴巾、地巾、面巾、方巾。原料为 21 英支/2 全棉纱线织制，柔软性好、吸水率高、装饰性佳和实用性强。纹样通过起毛圈和不起毛圈部分构成凹凸花纹图案的方式来实现，花纹轮廓清晰别致。色彩为漂白，素雅明朗，会给整个环境带来洁净、美观、协调的气氛，使人产生舒畅愉快的感觉。

2. 工艺规格

宾馆提花毛巾织物毛经纱密度为 152 根/10cm，地经纱密度为 152 根/10cm，纬纱密度为 222 根/10cm，系列规格见表 9-1～表 9-4。

表 9-1 浴巾工艺表

成品规格	140cm×80cm	600g	组织	单单毛	毛比	1∶4.8
经纬纱支	地经 21 英支/2 毛经 21 英支/2 纬纱 21 英支/2		筘号	32 齿/2 英寸		
坯长	157cm		坯重		644g	
中毛长	145cm		坯宽		100.32cm	
中毛宽	94.32cm		边宽		3×2cm	
纬纱根数：平布 228 +素毛 198 +店徽 294 +素毛 1710 +中文 228 +素毛 90 +英文 138 +素毛 198						

表 9-2 地巾工艺表

成品规格	80cm×50cm	350g	组织	双双毛	毛比	1∶5.3
经纬支别	地经 21 英支/2 毛经 21 英支/2 纬纱 21 英支/2		筘号	28 齿/2 英寸		
坯长	92cm		坯重		376g	
中毛长	82cm		坯宽		64.32cm	
中毛宽	58.32cm		边宽		3×2cm	
纹板排列：平布 228 +素毛 84 +素毛 468 +店徽 450 +素毛 468 +素毛 84						

表 9-3 面巾工艺表

成品规格	70cm×35cm	150g	组织	单双毛	毛比	1∶4.1
经纬支别	地经 21 英支/2 毛经 21 英支/2 纬纱 21 英支/2		筘号	29 齿/2 英寸		
坯长	82cm		坯重		161g	
中毛长	72cm		坯宽		46.32cm	
中毛宽	40.32cm		边宽		3×2cm	
纬纱根数：平布 180 +素毛 120+店徽 174 +素毛 684 +中文 138 +素毛 48 +英文 78 +素毛 120						

表 9-4 方巾工艺表

成品规格	32cm×32cm	50g	组织	单单毛	毛比	1∶4.3
经纬支别	地经 21 英支/2 毛经 21 英支/2 纬纱 21 英支/2		筘号	29 齿/2 英寸		
坯长	39cm		坯重		53.7g	
中毛长	32cm		坯宽		42.72cm	
中毛宽	36.72cm		边宽		3×2cm	
纬纱根数：平布 132+素毛 228+店徽 150 +素毛 228						

3. 织物组织

织物组织如图 9-26 所示，(a) 为双面起圈毛巾，(b) 为凹毛组织，在织物正面不起毛圈，形成文字或店徽等图案效应。平布边组织同图 9-26（a)，只是不起毛毛圈而已。

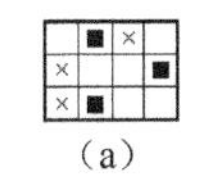
(a)

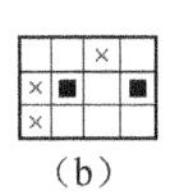
(b)

图 9-26 三纬毛巾组织
×—地经组织点；■—毛经组织点

4. 穿综穿筘

由于毛经与地经张力不同，所以为了保证织造是梭口清晰，一般采用毛经、地经分区穿法，毛经在前区、地经在后区。本设计的毛经与地经之比为 1∶1，毛经、地经每综 1 根。毛巾的穿筘是按照毛经地经排列比，穿入同一筘齿，采取 2 穿入。

5. 纹样设计

宾馆提花毛巾纹样题材很简单，通常为该宾馆中英文文字图形和店徽图像构成的纹样。纹样布局以清地为主，纹样上的颜色一般为两种。有时会利用方格、蜂巢、隐纬缎等组织给素色提花毛巾纹样添加装饰效果。

【技能训练】

缎档提花毛巾织物分析与 CAD 仿样设计

(1) 搜集整理资料，总结毛巾织物发展趋势。

(2) 搜集毛巾织物布样或图片，进行特点表述。

(3) 分析以三纬毛巾组织、纬二重缎档组织为主的提花面巾，主要分析产品风格特征、正反面、经纬向、尺寸规格、原料、纱线线密度及组合、地经纱与毛经纱排列状态、织物密度、织物组织、毛倍与毛高、织物重量等，填写分析单，参照表 9-5。

表 9-5　缎档提花毛巾分析单

<table>
<tr><td>产品名称</td><td colspan="2"></td><td colspan="2">合同编号</td><td></td><td>成品克重</td><td>g</td></tr>
<tr><td>产品特征</td><td colspan="7"></td></tr>
<tr><td rowspan="3">织物成品
尺寸规格</td><td rowspan="3">成品长度</td><td colspan="2">中毛长度　cm</td><td rowspan="3">成品宽度</td><td colspan="3">中毛宽度　cm</td></tr>
<tr><td colspan="2">缎档长度　cm</td><td colspan="3">锁边宽度　cm</td></tr>
<tr><td colspan="2">平布边长度　cm</td><td colspan="3">锁边展开后宽度　cm</td></tr>
<tr><td rowspan="2">织物密度</td><td>成品经密</td><td colspan="6">地经纱密度　　毛经纱密度</td></tr>
<tr><td>成品纬密</td><td colspan="6">中毛纬密　　缎档纬密</td></tr>
<tr><td>纹样</td><td colspan="3">纹样长度　cm</td><td colspan="4">纹样宽度　cm</td></tr>
<tr><td>织物缩率</td><td colspan="7">染整长缩率　%　染整幅缩率　%　织造长缩率　%　织造幅缩率　%</td></tr>
<tr><td>毛倍</td><td colspan="4"></td><td>毛高</td><td colspan="2"></td></tr>
<tr><td rowspan="5">经纱</td><td>原料</td><td>规格、色号</td><td>说明</td><td colspan="4">纱线贴样</td></tr>
<tr><td>A:</td><td></td><td>地经</td><td colspan="4" rowspan="3"></td></tr>
<tr><td>B:</td><td></td><td>毛经</td></tr>
<tr><td>C:</td><td></td><td>毛经</td></tr>
<tr><td colspan="7">地经纱与毛经纱排列:</td></tr>
<tr><td rowspan="5">纬纱</td><td>原料</td><td>规格、色号</td><td>说明</td><td colspan="4">纱线贴样</td></tr>
<tr><td>A:</td><td></td><td>中毛</td><td colspan="4" rowspan="3"></td></tr>
<tr><td>B:</td><td></td><td>缎档</td></tr>
<tr><td>…</td><td></td><td>…</td></tr>
<tr><td colspan="7">纬纱排列:</td></tr>
<tr><td>组织图</td><td colspan="7"></td></tr>
<tr><td>备注</td><td colspan="7"></td></tr>
<tr><td colspan="3">分析员________</td><td colspan="3">开单________</td><td colspan="2">复核________</td></tr>
</table>

（4）根据第 3 题中分析数据，参照相似织物进行工艺规格设计与计算，填写织造工艺单，见表 9-6。

表 9-6　缎档提花毛巾织造工艺单

<table>
<tr><td>产品名称</td><td colspan="3"></td><td>合同编号</td><td></td><td>成品克重</td><td>g</td></tr>
<tr><td rowspan="2">坯布规格</td><td rowspan="2">坯布幅宽</td><td colspan="2" rowspan="2">cm</td><td>坯布经密</td><td colspan="3">根/10cm</td></tr>
<tr><td>坯布纬密</td><td colspan="3">根/10cm</td></tr>
<tr><td rowspan="8">机上规格</td><td>筘外幅</td><td colspan="2">cm</td><td>机上经密</td><td colspan="3">根/10cm</td></tr>
<tr><td>筘内幅</td><td colspan="2">cm</td><td>机上纬密</td><td colspan="3">根/10cm</td></tr>
<tr><td>筘号</td><td colspan="2">齿/cm</td><td>每筘穿入数</td><td colspan="3">中毛　　边经</td></tr>
<tr><td>毛经纱数</td><td colspan="2"></td><td>地经纱数</td><td colspan="3"></td></tr>
<tr><td colspan="2" rowspan="4">纬纱根数</td><td colspan="5">中毛部分纬纱根数</td></tr>
<tr><td colspan="5">缎档部分纬纱根数</td></tr>
<tr><td colspan="5">缎边部分纬纱根数</td></tr>
<tr><td colspan="5">平布边纬纱根数</td></tr>
</table>

续表

<table>
<tr><td rowspan="7">织物装造</td><td colspan="2">装造形式</td><td colspan="2">正反织状态</td></tr>
<tr><td colspan="2">电子提花龙头规格</td><td colspan="2">纹针数</td></tr>
<tr><td colspan="2">通丝把数</td><td colspan="2">每把通丝数</td></tr>
<tr><td colspan="4">样卡规格</td></tr>
<tr><td colspan="2">目板规格</td><td colspan="2">目板穿法</td></tr>
<tr><td rowspan="2">穿综</td><td>内经</td><td rowspan="2">穿筘</td><td>内经</td></tr>
<tr><td>边经</td><td>边经</td></tr>
<tr><td rowspan="2">每米坯布用纱量</td><td colspan="4">经纱用纱量　　g</td></tr>
<tr><td colspan="4">纬纱用纱量　　g</td></tr>
<tr><td colspan="2">设计员______________</td><td colspan="2">复核______________</td><td>审批______________</td></tr>
</table>

（5）纹样绘制

绘制或扫描纹样，在输入好小样参数的毛巾 CAD 系统中分段绘制中毛、缎档、平布、布边纹样，在绘制中毛纹样时需要进行毛圈校正。

（6）纹织 CAD 工艺设计

① 将分段绘制好的中毛、缎档、平布、布边部分纹样分别导入 CAD 系统中进行拼接，使其成为一幅完成的图，进行图像细节修饰。

② 进行意匠处理，设色、勾边与修饰。对于缎档或中毛部分也可以提前将其表组织铺入。

③ 进行组织设计，保存组织。

④ 生成、保存投梭，注意中毛与缎档缎边投梭及梭位保存。

⑤ 填写组织表。

⑥ 建样卡。

⑦ 填辅助组织表，注意缎档、缎边和中毛边组织的设置。

⑧ 纹板处理与检查。

⑨ 设计效果模拟。

参考文献

[1] 浙江丝绸工学院，苏州丝绸工学院．织物组织与纹织学．北京：中国纺织出版社，1997．
[2] 谢光银．装饰织物设计与生产．北京：化学工业出版社，2005．
[3] 丁一芳，诸葛振荣．纹织 CAD 应用实例及织物模拟．上海：东华大学出版社，2007．
[4] 姜淑媛．家用大提花织物设计与市场开发．北京：中国纺织出版社，2010．
[5] 郁兰．基于 CAD 的提花装饰窗帘的设计与纹理模拟. 上海纺织科技，2011，（10）.
[6] 刘华．机织物分析与设计．上海：学林出版社，2012．
[7] 徐百佳．纺织品图案设计．北京：中国纺织出版社，2009．
[8] 李宁．图案基础． 北京：中国水利水电出版社，2012．
[9] 龚建培．现代家用纺织品设计与市场开发．北京：中国纺织出版社，2004．
[10] 盛明善．织物样品分析与设计．北京：中国纺织出版社，2003．
[11] 沈兰萍．织物结构与设计．北京：中国纺织出版社，2005．
[12] 罗炳金．纹织工艺与设计．上海：东华大学出版社，2008．
[13] 翁越飞编．提花织物的设计与工艺．北京：中国纺织出版社，2003．
[14] 张森林．纹织 CAD 原理及应用．上海：东华大学出版社，2005．
[15] 杜群． 家用纺织品织物设计与应用．北京：中国纺织出版社，2009．
[16] 包振华．提花工艺与纹织 CAD．北京：中国纺织出版社，2009．
[17] 周蓉．纺织品设计．上海：东华大学出版社，2011．
[18] 刘付仁．毛巾类家用纺织品的设计与生产．北京：中国纺织出版社，2008．